귀찮지만 집밥이 먹고 싶어서

가정간편식

글과요리 이미경

상상출판

Contents

Chapter 1

냉장고 속 단골 식재료

냉파 요리

Chapter 2

가시비 만족

한 그릇 요리

Chapter 3

네 번째 식사

간식

prologue

우리 집 부엌에서 만드는 가정간편식

"라떼는 말이야(=나 때는 말이야)~" 또 잔소리, 꼰대 소리가 나온다고 주변에서 눈치를 줍니다. 제가 요즘 자주 쓰는 말이거든요. 요리학교를 졸업하고 요리를 열심히 배우고 익히던 20대에는 손톱 밑이 까매질 정도로 파와 마늘을 까고 나물을 다듬었어요. 한식의 기본을 익혀갈 때쯤인 30대에는 외식문화가 생기기 시작해 여러 나라 요리들이 전파되어 치열하게 경쟁하듯 다른 나라의 식문화를 배워야 했어요. 그리고 40대가 되니 라이프스타일이 급변화되면서 우리 식탁에도 많은 변화가 생겼어요. 새롭게 배워야 하는 것과 이유도 모르고 그냥 적응해야 하는 것들이 공존하니 요리연구가의 삶이란 변화무쌍합니다.

오랫동안 요리전문지와 식품회사의 콘텐츠 개발을 주로 해온 덕분에 우리 식탁의 변화를 빨리 인지하고 그에 맞는 요리 레시피를 만들려고 노력했습니다. 그래서 요리책을 만들 때마다 '마트에서 구할 수 있는 친근한 식재료에 다섯 가지 과정을 넘기지 않고 갖은양념을 배제한 심플하고 건강한 음식'을 기본 철학으로 요리를 했어요. 그런데 요즘의 집밥은 점점 사라져가고 건강한 음식은 맛있는 요리에 밀려나고 있어요. 건강한 음식을 만드는 방법보다는 맛집이나 간편식 제품에 관한 질문을 더 많이 받게 되면서 가정간편식에 대해 고민하게 되었어요.

가정간편식(HMR)은 가정 음식을 대체한다는 의미로 '가정 대용식'이라 하며 가정에서 간편하게 차려내었다는 의미예요. 완전조리 식품이나 반조리 식품을 집에서 간단히 데워 먹을 수 있

는 제품을 말합니다. 이름처럼 간편식이 되기도 하고 필요도 하지만 매일 매일 우리 집 식탁을 이런 제품들에 맡길 수 없어 마트의 가정간편식만큼 간단하게, 냉장고에 있는 재료로 고민 없이 만드는 레시피를 모았습니다.

한 상 차려야 한다는 부담감 대신 한 그릇으로 충분한 요리, 무엇을 먹을지 고민하는 대신 냉장고에 있는 식재료로 해결할 수 있는 요리, 그리고 식사만큼 중요한 간식까지 우리 집 부엌에서 직접 만드는 진짜 가정간편식입니다. 진짜 가정간편식으로 채워진 몸은 자연스럽게 면역력도 강해지겠지요. 음식이 보약이라는 말처럼요.

라이프스타일에 아무리 많은 변화가 있어도 우리가 먹는 음식의 의미에는 "라떼는 말이야~"가 필요합니다. 건강한 음식, 식탁에서 누군가와 함께 먹는 음식이 얼마나 중요한 의미를 가지는지 다시 한번 생각할 때입니다.

가정간편식! 이제 집에서 직접 실천해 보세요!!

요리연구가

이 미 경

Cooking Note

세상에서 요리가 제일 어렵다는 이야기를 점점 많이 듣게 돼요. 세상에서 제일 어려운 일이야 안 하고 살면 되는데 요리는 그럴 수가 없죠. 외식이나 배달음식도 한두 번이지 건강을 생각하면 매일 그렇게 먹고 살 수 없으니 집에서 간단하게라도 집밥을 해 먹으려 하지만…. 요리라는 게 한 번 실패하고 또 실패하게 되면 어려운 일, 무서운 일이 되어 버리지요.

요리가 어려운 분들은 일단 여러 가지를 하려 하지 마세요. 먼저 가짓수를 줄이고요. 쉽게 할 수 있는 방법을 연구해 보세요. 시판 양념의 도움도 받고 단품 요리로 메뉴를 정하는 것도 방법입니다. 여기 요리를 더 쉽게, 건강하게 먹을 수 있는 궁리를 적은 요리연구가의 쿠킹 노트가 있어요.

밥숟가락&종이컵 계량법

요리할 때 가장 귀찮은 것이 재료 계량이라고 합니다.
그래서 이 책은 늘 집에 여러 개가 있는 밥숟가락으로 계량하였습니다.

①

가루 재료 계량하기

소금, 설탕, 고춧가루, 후춧가루, 통깨…

1은 밥숟가락으로 수북하게 떠서 위를 편평하게 깎은 양

0.5는 밥숟가락 절반 정도의 양

0.3은 밥숟가락 1/3 정도 담은 양

②

액체 재료 계량하기

간장, 식초, 맛술…

1은 밥숟가락을 가득 채운 양

0.5는 밥숟가락의 절반 정도의 양

0.3은 밥숟가락의 1/3 정도의 양

③

장류 계량하기

고추장, 된장…

1은 밥숟가락으로 수북하게 떠서 위를 편평하게 깎은 양

0.5는 밥숟가락 절반 정도의 양

0.3은 밥숟가락 1/3 정도 담은 양

④

종이컵으로 액체 재료 계량하기

1컵은 종이컵에 가득 담은 양으로 200㎖에 조금 부족한 양

1/2컵은 종이컵의 중간 지점에서 살짝 올라오도록 담은 양

※ 1.5는 한 숟가락 + 반 숟가락. 약간은 엄지와 검지로 소금이나 후춧가루를 집을 수 있는 정도의 소량.
약간이라 표기되어 있어도 입맛에 맞게 간을 조절하세요.

한눈에 보이는 계량법

주요 식재료의 100g을 눈대중 계량법으로 익혀 두면 하나하나
계량하지 않아도 되어 요리하기가 쉽습니다. 주요 식재료의 100g 어림치를 소개합니다.

두부

콩나물

브로콜리

애호박

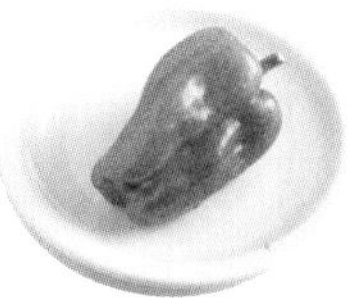
피망

당근

무

오이

양파

감자

당면

파스타

칼국수

돼지고기(안심)

닭 가슴살

새우

바지락

대파

토마토

배추김치

※ 달걀 1개의 무게는 40~70g 정도입니다. 이 책에서는 달걀을 1개, 2개, 3개 등 개수로 표기하였습니다.

냉장고에 붙여 두고 구구단처럼 외우는

냉장·냉동 식품의 보존 기간

옛날 곳간과 텃밭을 대신하는 냉장고는 뭐든지 넣어 두기만 하면 영원히 보존할 수 있는 요술 상자가 아닙니다. 냉장고에 넣든 냉동실에 넣든 식품의 보존 기간은 존재합니다. 건강한 밥상을 차리려면 냉장고와 냉동고를 똑똑하게 이용해야 합니다. 알아 두면 좋을 냉장과 냉동 식품의 보존 기간을 소개합니다.

※ 냉동 보관하는 식재료는 생것 그대로 보관하는 것도 있고, 데치거나 익혀 보관해야 하는 것도 있다.

냉장 식품

육류
- 다진 고기 1일
- 닭고기 1일
- 두툼한 쇠고기·돼지고기 1~2일
- 베이컨 3~4일
- 삼겹살 1~2일
- 소시지 3~4일
- 얇게 썬 쇠고기·돼지고기 1~2일
- 햄 3~4일

해산물
- 명란젓 1주
- 모시조개 1~2일
- 바지락 1~2일
- 새우 1~2일
- 생선 1~2일
- 오징어 1~2일
- 키조개 1~2일
- 토막 낸 생선 1~2일

채소
- 가지 3~4일
- 감자 1주 *1개월(실온 보관)
- 단호박 4~5일(자른 것) *2~3개월(실온 보관)
- 당근 4~5일
- 대파 1주
- 마 1주(자른 것) *1개월(실온 보관)
- 무 4~5일
- 배추 1개월(통배추), 3~4일(자른 것)
- 부추 3~4일
- 브로콜리·콜리플라워 2~3일
- 생강 1주
- 시금치 3~4일
- 애호박 3~4일
- 양배추 2주
- 양상추 3~4일
- 양파 1주 *1~2개월(실온 보관)
- 오이 3~4일
- 옥수수 3~4일
- 우엉 1주
- 콩나물 1~2일
- 토마토 3~4일
- 풋콩 2~3일
- 피망 1주
- 허브 2~3일

과일
- 딸기 2~3일
- 레몬 2주
- 멜론 1~2일
- 무화과 1~2일
- 배 7~10일
- 사과 1~2주
- 수박 1~2일
- 오렌지 1개월
- 파인애플 1~2일(자른 것) *3~4일(실온 보관)
- 포도 2~3일

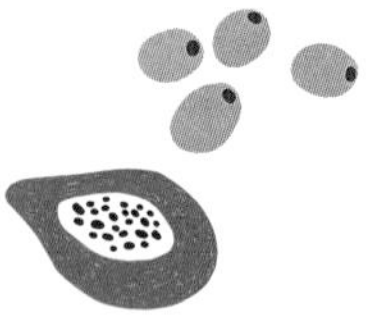

기타
- 달걀 5주
- 두부 2~3일
- 마가린 2주
- 밤 2주

밥 1일
버섯 1주
버터 2주
생크림 1~2일
요구르트 2~3일
우유 2~3일
은행 1개월
치즈 1~2주

냉동 식품

육류 다진 고기 2주
닭고기 2주
두툼한 쇠고기·돼지고기 2주
베이컨 1개월
삼겹살 1개월
소시지 1개월
얇게 썬 쇠고기·돼지고기 2주
햄 1개월

해산물 명란젓 2~3주
모시조개 1~2주
바지락 1~2주
새우 1개월
생선 2주
어묵 1개월
오징어 2주
키조개 2주
토막 낸 생선 2~3주

채소 가지 1개월
감자 1개월
고구마 1개월
단호박 1개월
당근 1개월
대파 1개월
마 2주
마늘 1개월
무 1개월
부추 1개월
브로콜리·콜리플라워 1개월
생강 1개월
숙주나물 2주
시금치 2~3주
애호박 2주
양배추 1~2주
양파 1개월
옥수수 1개월
우엉 1개월
콩나물 2주
토마토 1개월
풋콩 1개월
피망 1개월

과일 감 1개월
귤 1개월
딸기 1개월
레몬 1개월
멜론 1개월
무화과 1개월
바나나 1개월
배 1개월
수박 1개월
오렌지 1개월
키위 1개월
파인애플 1개월
포도 1개월

기타 두부 1개월
밤 1개월
밥 1개월
버섯 2주
버터 1개월
요구르트 2주
은행 1개월
치즈 1개월
허브 2주

뚝딱 집밥 차리는 기본양념

기본양념은 요리의 완성을 담당하는 중요한 재료입니다.
아무리 좋은 식재료라도 기본양념과 어우러지지 않으면 맛이 없는 요리가 됩니다.
그래서 좋은 재료만큼이나 기본양념을 잘 써야 합니다. 기본양념으로 대체 가능한 양념으로
응용할 수 있을 때 요리가 쉬워지니 먼저 기본양념에 충실한 요리를 익혀 두어야 합니다.

소금

굵은소금(천일염)은 김치를 절이거나 된장, 고추장, 간장을 담글 때, 해물을 손질할 때 주로 사용한다. 소량씩 포장되어 판매되는 굵은소금은 간수를 빼면 요리에 바로 사용해도 된다. 봄철에 구입하여 간수를 잘 빼면 첫맛은 달면서 짠맛을 내는 감칠맛이 나는 소금이 된다.

꽃소금은 고운 소금을 통칭한다. 요리용 천일염으로 따로 가공하지 않는데 일반적인 요리에 사용하면 잘 녹고 깔끔한 맛을 낸다.

허브솔트는 소금에 여러 가지 향신료를 섞은 것으로 주로 육류 요리에 넣는다. 소금에 후춧가루나 바질, 오레가노 등 기호에 맞는 향신료를 섞어서 사용해도 좋다.

설탕

요리의 색에 따라 흰설탕과 황설탕, 흑설탕을 가려 쓰는 지혜가 필요하다. 사탕수수에서 추출한 원당을 정제하여 만든 **흰설탕**은 제조 과정에서 가장 먼저 만들어지는 순도가 높은 설탕이다. 단맛이 강하고 색이나 향이 없어 여러 요리에 두루 사용할 수 있다.

흑설탕은 흰설탕에 비해 단맛이 약간 적고 색이 진하며 독특한 향이 있어 일반 요리보다는 색을 내는 약밥이나 수정과 등에 사용한다.

황설탕은 매실청을 담글 때나 베이킹에서 흰설탕을 대신해서 넣는다.

고추장

집고추장은 시판 고추장에 비해 염도가 높고 윤기가 덜하지만 구수하고 깊은 맛이 나 찌개나 국에 넣는다.

시판 고추장은 색깔이 곱고 맛이 달며 윤기가 나서 볶음 요리나 무침 요리에 어울린다. 매운맛에 차이가 있으니 입맛에 따라 선택한다.

된장

집된장은 구수하고 깊은 맛을 내나 짠맛이 강하고 색이 약간 진하니 요리에 넣을 때 간이 짜지 않도록 양을 조절하여 넣는다. 또 집된장은 냉장 보관하는 것이 좋다.

시판 된장은 전통 방식의 한식 메주된장과 개량식 메주된장으로 만들어 구수함과 부드러운 맛이 잘 어우러지지만 단맛이 강하다. 집된장과 시판 된장을 섞어서 요리하면 좋다.

간장

종류나 명칭이 다양한 간장. 집에서 만든 간장을 뜻하는 **집간장**(조선간장)은 맑고 짠맛이 강한 편이라 주로 국이나 찌개 양념에 사용한다. **시판 간장**으로는 국간장, 양조간장, 진간장, 조림간장, 향신간장 등이 있다. 양조간장과 진간장은 진하면서 단맛과 감칠맛이 나 조림, 볶음, 구이 등에 다양하게 쓰인다. 특히 양조간장은 진간장에 비해 맛이 담백하고 가벼워 주로 조림과 볶음 요리에 쓰고 겉절이나 드레싱에 넣기도 한다. 진한 맛을 내려면 진간장을 사용하면 된다.

고춧가루

가을 햇볕에 직접 말린 **태양초**는 빛깔도 좋고 매운맛도 잘 산다. 매운맛은 정도에 따라 적당한 것으로 구입하고 여름철에는 색이 변하지 않도록 냉장 보관한다.

오일

올리브오일은 샐러드유로 주로 활용하고 **포도씨유**나 **카놀라유**는 볶음 요리나 튀김에 사용한다.

맛술·청주

맛술과 청주는 생선이나 육류의 비린 맛과 누린 맛을 제거할 때 사용한다. 볶음 요리에 넣으면 윤기가 흐르고 짠맛을 내는 양념장에 섞으면 맛이 부드러워진다.

굴소스·두반장·칠리소스

굴소스는 굴 추출물로 만든 것으로 중국 요리뿐 아니라 볶음, 조림, 구이, 덮밥에도 활용할 수 있다.

두반장은 주로 중국 요리에 넣는 매운맛을 내는 장으로 볶음이나 조림 등에 활용한다.

칠리소스는 고추로 만든 소스로 매운맛과 단맛을 내는 것 등 종류가 다양하니 요리에 따라 적당한 것으로 선택한다.

참치진국·참치한스푼

참치진국은 훈연참치 추출액에 양조간장과 다시마, 표고버섯, 채소를 넣어 만든 맛소스다. 멸치나 다시마 등으로 육수를 내지 않아도 깊은 맛의 국물을 만들 수 있다.

참치한스푼은 참치순살에 국산 천일염, 영지버섯, 표고버섯, 각종 채소와 함께 녹여낸 액상 타입의 소스다. 참치의 천연 맛 성분인 아미노산이 깊은 감칠맛을 더한다. 국물 요리나 무침, 볶음 요리에 한두 숟가락을 넣으면 감칠맛이 난다.

쉬운 재료 손질법, 채소

채소는 육류나 해물에 비해 입맛을 자극하는 감칠맛이 적습니다.
또 잘못 손질하면 채소 특유의 향과 맛이 도드라져 어릴 적에는 대부분 채소를 싫어합니다.
각 채소의 특징을 잘 살려 손질하면 채소의 진짜 맛을 알게 되고 그 맛과 향을 즐기게 됩니다.
채소를 잘 손질하여 과한 양념보다는 채소의 기본 맛을 잘 살릴 수 있도록
가볍게 요리하는 게 좋습니다.

오이
오이는 뾰족한 가시에 농약 성분이 많으니 굵은소금으로 문질러서 흐르는 물에 씻는다.

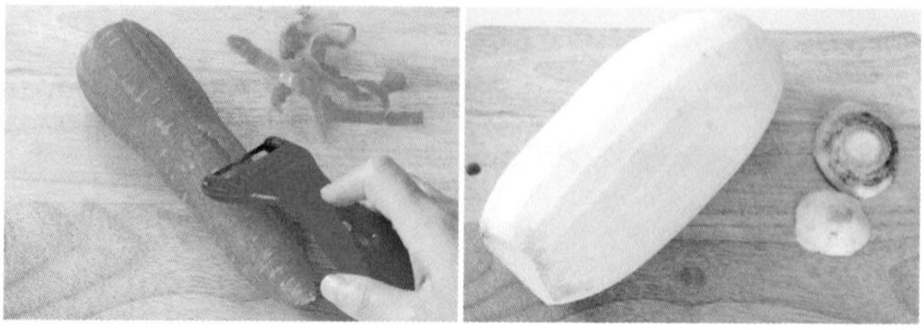

당근·무
흙당근은 요리용 수세미나 솔로 잘 문질러 씻어 필러로 껍질을 벗긴다. 세척되어 깨끗하게 판매되는 당근이나 무는 껍질째 사용해도 된다. 씻은 당근이나 무는 물기를 완전히 빼서 비닐팩에 넣어 보관한다.

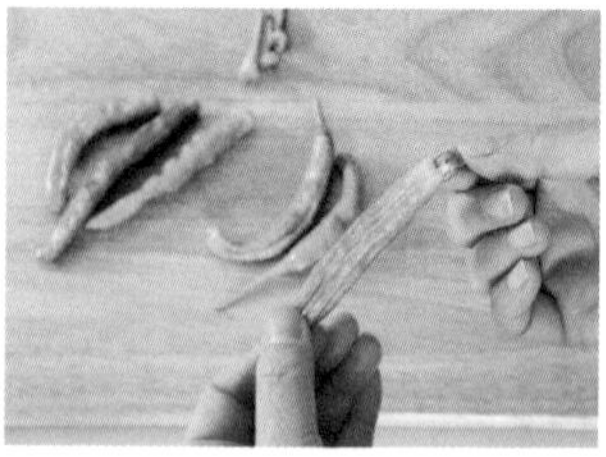

풋고추·홍고추·꽈리고추
고추는 꼭지째 씻어 손으로 꼭지를 떼어낸다. 꼭지를 떼어내고 씻으면 꼭지에 물이 들어가 맛이 떨어진다.

양파
양파는 뿌리를 칼로 잘라내고 겉껍질을 손으로 벗겨내어 물에 씻어 건진다.

대파·실파
뿌리에 흙이 묻어 있는 실파나 대파는 먼저 칼로 잘라내고 시들거나 누런 겉잎을 다듬어 물에 씻는다. 미리 씻어두면 잎이 금방 시들어버리므로 사용할 만큼만 씻는다. 남은 파는 신문지나 키친타월에 잘 싸서 비닐팩에 넣어 보관하면 빨리 시들지 않는다.

우엉

우엉은 요리용 수세미나 솔로 잘 문질러 씻은 다음 껍질을 칼등으로 긁거나 필러로 벗긴다.

연근

연근은 요리용 수세미나 솔로 잘 문질러 씻은 다음 매듭 부분은 잘라내고 상한 곳은 칼로 잘 도려내어 껍질째 사용한다. 껍질에 상한 곳이 많으면 필러로 껍질을 벗긴다.

시래기

시래기는 넓은 볼에 물을 받아 놓고 살살 흔들어 씻어 손으로 물기를 꼭 짠다. 억센 줄기는 겉잎을 벗겨내고 사용한다. 남은 시래기는 용도에 맞게 썰어서 먹을 만큼씩 소포장해서 냉동 보관한다.

미나리

잎을 손으로 다듬고 억센 줄기 쪽은 떼어낸다. 넓은 볼에 물을 받아 놓고 미나리를 넣어 살살 흔들어 세 번 정도 씻어 물기를 완전히 뺀다.

배추

배추는 누런 잎을 떼어내고 밑동 쪽을 도려낸 다음 반으로 잘라 쪼개서 사용한다. 겉잎은 국이나 찌개에 넣어 먹고 속대는 겉절이나 무침으로 먹는다. 배추는 줄기와 잎을 같이 요리해야 맛있다.

양배추

양배추는 밑동 쪽을 잘라내어 4등분하고 잎이 떨어지도록 밑동을 잘라낸 다음 잎을 벗겨내어 씻는다.

잎채소

상추와 깻잎, 케일 등의 잎채소는 꼭지를 떼어내고 넓은 볼에 물을 받아 놓고 살살 흔들어 세 번 정도 씻어 물기를 완전히 뺀다. 수돗물을 틀어 놓고 잎채소를 씻으면 수돗물의 수압으로 잎이 상할 수 있다.

도라지·더덕

통도라지와 통더덕에 흙이 많이 묻어 있을 때에는 흐르는 물에 손으로 비벼 씻은 다음 요리용 수세미나 솔로 틈 사이를 골고루 잘 문질러 씻는다. 뿌리 쪽을 잘라내고 칼로 사과 깍듯이 돌려가며 결대로 껍질을 벗겨야 버리는 것이 적다.

재료 쉽게 써는 법

채소에도 결이 있습니다. 결대로 썰어야 부스러지지 않고 일정한 두께가 유지됩니다. 크기나 두께를 일정하게 썰면 가지런하여 보기에도 좋고 익히는 음식에 넣으면 골고루 익으니 맛이 좋습니다. 재료가 버려지는 일이 없고 빨리 자를 수 있도록 쉽게 써는 요령을 알려드립니다.

채 썰기

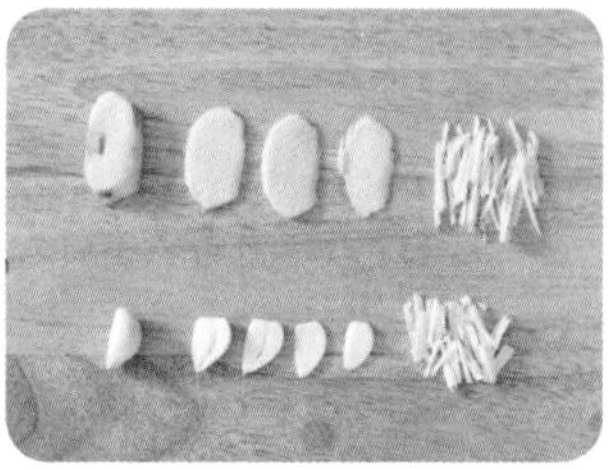

생강과 마늘
일정한 두께로 편으로 썰어 가지런히 두고 일정한 두께로 채 썬다.

어슷썰기

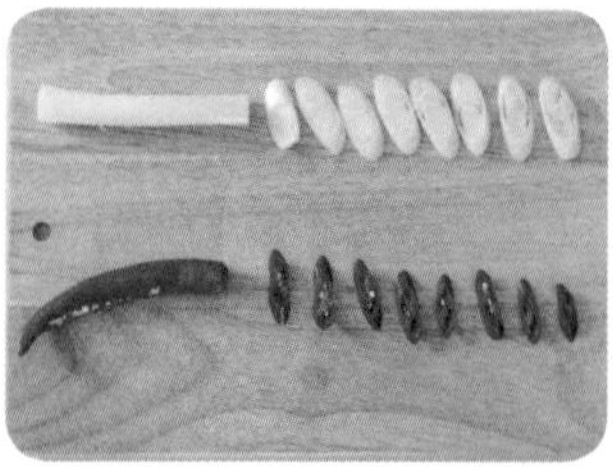

대파
일정한 두께로 어슷하게 썬다. 요리에 따라 어슷한 정도를 달리해서 길게 또는 짧게 어슷하게 썬다.

풋고추·홍고추
꼭지를 떼어내고 요리에 따라 어슷한 정도를 달리하여 썬다.

양파
반으로 잘라 자른 단면이 도마의 바닥 쪽으로 향하도록 하여 부채 모양으로 비스듬하게 칼집을 넣어 일정한 두께로 썬다.

다지기

마늘
편으로 썬 다음 채 썰고 채 썬 것을 다시 곱게 다진다.

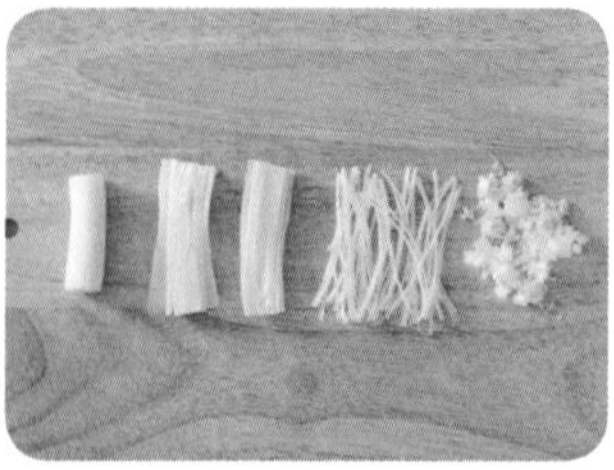

대파
4~5cm 길이로 잘라 자른 단면이 도마의 위로 향하도록 하여 곱게 채 썰고 곱게 다진다.

양파
반으로 잘라 자른 단면이 도마의 바닥 쪽으로 향하도록 하여 뿌리 쪽을 향해 칼집을 세로로 일정하게 넣는데, 뿌리가 잘라지지 않도록 주의한다. 그런 후에 가로로 곱게 다진다.

나박 썰기

무

2~2.5cm 길이로 토막을 내고 2cm 정도의 폭으로 자른다. 2~3토막을 나란히 두고 0.2cm 두께로 썬다.

오이

2.5cm 길이로 토막을 내고 동그란 모양이 위로 오도록 세우고 0.2cm 두께로 썬다.

납작 썰기

무

필요한 만큼 토막을 내고 반으로 잘라 자른 단면이 도마의 바닥 쪽으로 향하도록 하여 원하는 두께로 썬다.

먹기 좋은 크기로 썰기(한입 크기)

두부

한입 크기는 잘랐을 때 밥숟가락 안으로 들어가는 크기로, 1.5~2cm 폭으로 잘라 가지런히 두고 다시 1.5cm 폭으로 썬다.

양배추

한 잎씩 떼어내어 1.5~2cm 폭으로 썬 다음 가지런히 포개어 1.5cm 폭으로 썬다.

웨지 모양 썰기

감자

반으로 잘라 단면이 도마의 바닥 쪽으로 향하도록 하여 부채 모양처럼 칼을 어슷하게 넣어 썬다.

돌려 깎아 채 썰기

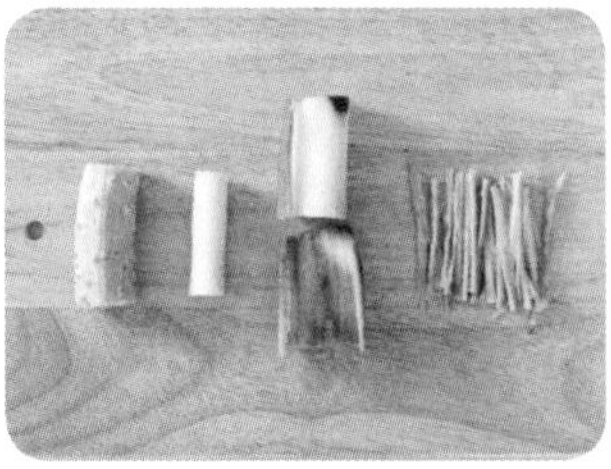

오이

굵은소금에 문질러 씻어 4~5cm 길이로 토막 내어 씨가 나올 때까지 얇게 돌려 깎아 채 썬다.

송송 썰기

대파

일정한 두께로 동그랗게 썬다.

실파

반으로 잘라 줄기와 잎을 겹쳐 일정한 두께로 썬다.

4~5cm 길이로 썰기

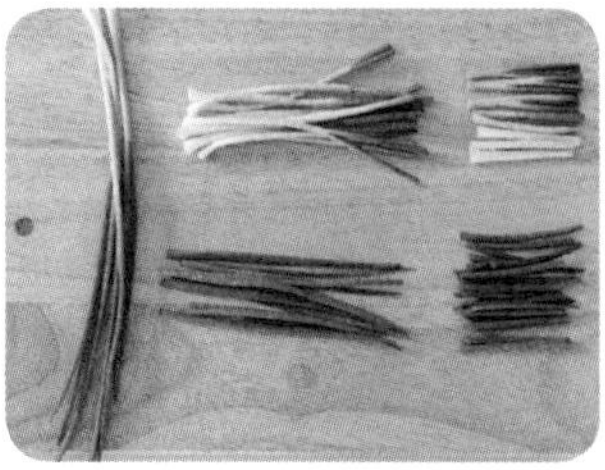

쪽파

반으로 잘라 줄기와 잎을 가지런히 포개어 4~5cm 길이로 썬다.

쉬운 재료 손질법, 해물

해물은 싱싱한 것은 내장까지 맛볼 수 있지만 냉장과 냉동 시설이 발달하면서
보관했다 먹게 되니 자칫 비린내가 날 수 있어 손질을 잘해야 합니다.
해물은 무조건 물에 많이 씻는다고 손질을 잘하는 것이 아닙니다.
내장을 잘 빼내고 찬물에 빨리 씻어 키친타월로 물기를 꼼꼼하게 제거해야 합니다.

조개
물에 소금을 약간 넣고 씻은 다음 그릇에 옅은 소금물을 만들어 20분 정도 담가 해감시킨다.

낙지
머리를 뒤집어 먹물 주머니를 떼어내고 밀가루를 뿌려 바락바락 문질러 물에 세 번 정도 씻는다.

갈치
찬물에 씻어 가위로 지느러미는 잘라내고 큼직하게 토막 낸다. 물에 씻어 키친타월로 물기를 제거한다.

꽁치
머리와 꼬리를 잘라내고 칼끝으로 비늘과 내장을 손질한 다음 흐르는 물에 헹궈 칼집을 넣어 소금을 뿌려 둔다. 토막을 내어 조림을 하거나 통째로 구울 때에는 일정한 간격으로 칼집을 넣는다.

조기
칼끝으로 비늘을 긁어내고 가위로 지느러미와 꼬리를 잘라내고 아가미에 젓가락을 찔러 넣어 내장을 빼낸다. 물에 씻어 키친타월로 물기를 제거한다.

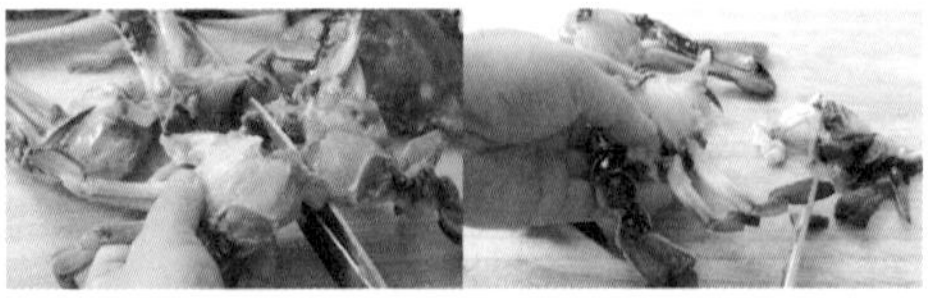

꽃게
요리용 솔로 껍데기를 깨끗하게 닦아 떼어내고 가위로 다리 끝을 잘라낸다. 몸통의 솜처럼 생긴 것을 잘라내고 먹기 좋은 크기로 자른다. 국물 요리에는 게딱지를 함께 넣어 끓인다.

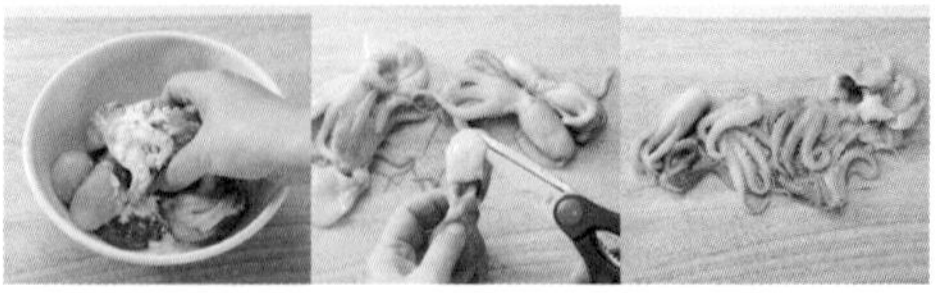

주꾸미
싱싱해서 먹물 주머니째 끓일 때에는 밀가루를 뿌려 바락바락 문질러 물에 씻는다. 냉동 상태이거나 먹물 주머니를 먹지 않을 때에는 머리를 가위로 잘라내고 먹물 주머니를 제거한 다음 밀가루를 뿌려 씻는다. 먹기 좋은 크기로 자른다.

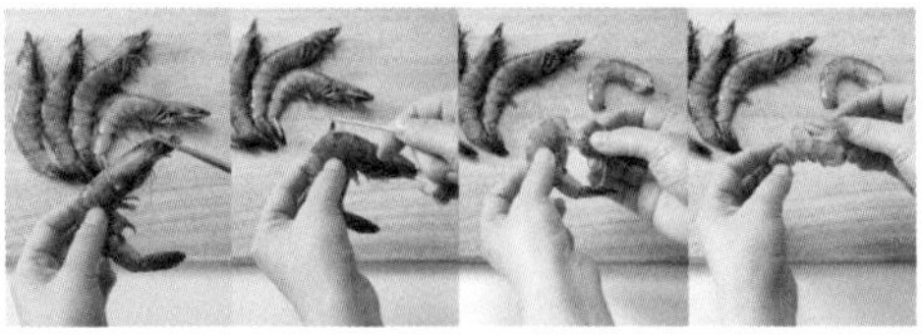

새우

가위로 머리끝 쪽의 뾰족한 부분을 잘라내고 꼬리 쪽의 물집을 잘라낸다. 등 쪽 두 번째와 세 번째 마디에 꼬치를 찔러 넣어 내장을 빼낸다. 국물 요리에는 머리와 껍질을 넣어 끓이고 살만 쓸 때에는 다리를 떼어내고 껍질을 벗긴 다음 소금물에 살살 흔들어 씻는다.

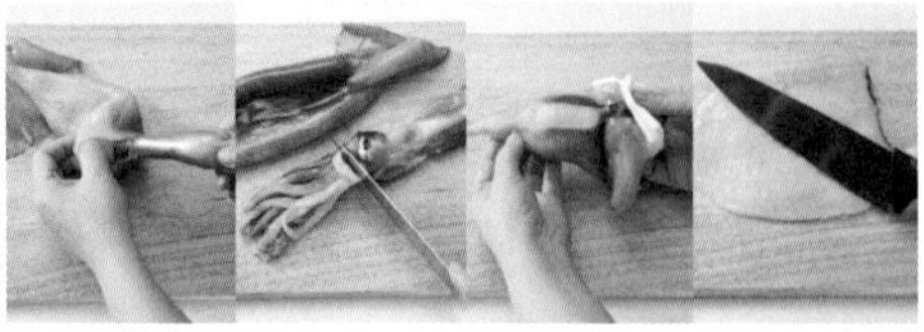

오징어

과정1 모양을 살려 통으로 이용할 때에는 내장 쪽으로 엄지와 검지를 넣어서 내장을 잡고 당겨 빼낸다. 통으로 쓰지 않아도 되면 오징어의 배를 갈라서 내장을 빼낸다.

과정2 키친타월로 지느러미를 당겨서 껍질을 벗긴다.

과정3 안쪽에 잔칼집을 넣는다. 파채칼로 긁듯이 칼집을 넣으면 골고루 칼집을 넣을 수 있다.

재료 준비는 이렇게 ③

쉬운 재료 손질법, 육류

육류는 손질법에 따라 맛과 향이 결정됩니다. 냉장육은 가능하면 신선실에 보관했다가 먹는 것이 좋고 냉동육은 재냉동을 하지 않는 것이 좋습니다. 육즙은 누린내를 나게 하는 원인이 되므로 키친타월로 잘 제거한 다음 요리해야 합니다.

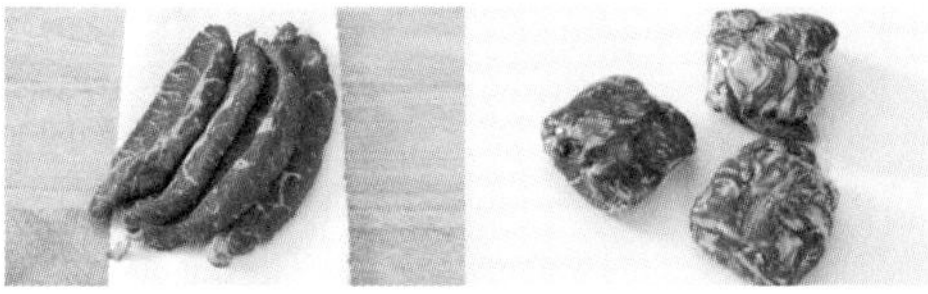

쇠고기

냉동육은 냉장실에서 천천히 해동시켜 핏물을 키친타월로 잘 제거하고 사용한다. 국거리나 볶음용을 구입하면 적당한 용도로 잘라서 먹을 만큼씩 랩으로 싸서 지퍼팩에 넣어 신선실에 보관한다. 많은 양을 구입하는 것보다는 일주일 단위(2~3회 사용할 분량)로 구입하여 보관하고, 양이 많을 때에는 먹을 만큼씩 나누어 냉동실에 넣어 둔다.

돼지고기

찌개용이나 볶음용은 먹기 좋은 크기로 썰어 먹을 만큼씩 랩에 싸서 지퍼백에 넣어 보관한다. 덩어리째 보관할 안심이나 등심은 큰 덩어리로 나누어 먹을 만큼씩 랩에 싸서 지퍼백에 넣어 마르지 않게 보관한다. 다짐육은 지퍼팩에 담아 평평하게 펴서 냉장 보관하거나 냉동 보관해야 사용하기 편리하다. 갈비는 물에 담가 뼈에 있는 핏물을 제거한 다음 사용한다.

chapter

1

냉파요리

냉장고 속 단골 식재료

요리는 메뉴를 결정하고 재료를 준비하는 과정에 80%, 요리하는 데 20%의 수고가 필요하지요. 그래서 집밥 해 먹기는 쉬운 일이 아닙니다. 집밥 먹기 프로젝트의 기를 꺾는 또 다른 주범은 냉장고 속 식재료들이죠. 며느릿감, 사윗감 고르듯 깐깐하게 골라 부지런히 냉장고를 채우지만, 깜빡하면 상한 식재료가 나타나 요리 열정을 사라지게 하니까요. 그리고 장을 보러 가면 두부, 고기, 콩나물, 감자 따위의 늘 담는 재료만 장바구니를 차지합니다. 이런 일이 반복되면 집밥 먹기 프로젝트에 백기를 들고 싶어지죠. 그런 고민을 하는 분들에게 소개하는 냉파 요리(냉장고 파먹기 요리)예요.

식어버린 요리 열정에 다시 불을 지피시라고 냉장고 속 단골 식재료를 알뜰하고 맛있고 건강하게 먹는 법을 귀띔합니다. 냉장고만 열면 늘 있는 식재료 하나로 국도 끓이고 밥도 짓고 반찬과 일품요리, 간식까지 만드는 참 고마운 레시피입니다.

돼지고기 이야기

돼지고기에는 콜레스테롤이 많아 고혈압 같은 성인병에 치명적인 영향을 미친다고 생각하는 사람이 많은데, 돼지고기의 저지방 부위에는 양질의 단백질이 풍부해요. 또 지방, 비타민 A, 비타민 B, 칼슘, 인 등도 많아요. 특히 돼지고기에서 가장 많은 핵심 영양성분은 바로 비타민 B_1인 티아민 성분인데 뇌 건강에 필요한 필수 영양소예요. 돼지고기는 쇠고기에 비해 포화지방인 스테아르산은 적고 올레산과 리놀렌산 등 불포화지방이 상대적으로 많아 여러 요리에 활용하면 좋아요.

부위별 요리법

돼지고기는 쇠고기만큼 부위가 세분되어 있지는 않지만 대략 목심, 등심, 안심, 삼겹살, 갈비살, 앞다릿살, 뒷다리살, 항정살 등이 있어요. 부위에 따라서 독특한 맛이 특징인데, 지방과 살코기가 세 겹으로 층을 이룬 삼겹살은 맛이 고소해서 사람들이 특히 좋아하는 부위이지만 어느 요리에나 다 잘 어울리는 건 아니에요. 구이로는 삼겹살, 목살, 갈비살 등이 적당하고 볶음 요리에는 앞다릿살이나 뒷다릿살이 좋아요. 튀김에는 기름기가 거의 없는 등심이나 안심이 잘 어울리고요. 조림과 볶음 같은 밑반찬으로 이용할 때도 등심이나 안심을 활용하면 두고 먹을 수 있어요. 샐러드나 냉채 요리에도 저지방육인 안심과 등심이 적당해요.

보관법

냉장 돼지고기는 용도에 맞는 부위를 준비하여 잘 밀폐하여 김치냉장고에 보관하면 4~5일 정도 보관할 수 있어요. 냉동할 때에는 사용할 만큼씩 손질하여 지퍼백에 넣어 보관하면 되고요. 한번 해동한 돼지고기를 다시 냉동 보관하면 세균이 증식할 우려가 있고 맛도 떨어지므로 재냉동하지 않는 것이 좋아요.

한눈에 보이는
돼지고기 부위

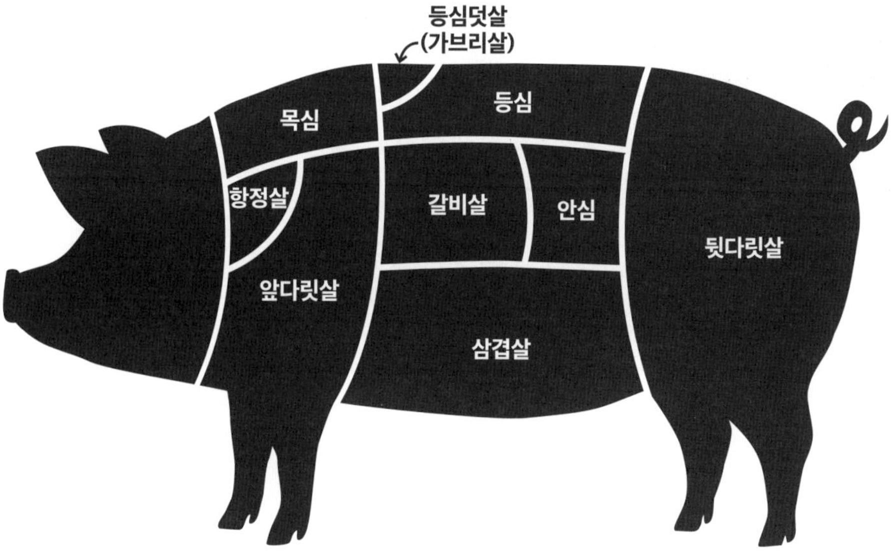

얇게 썬 삼겹살과
묵은지의 교향곡

삼겹살 묵은지 밀푀유

요리 시간

30분

재료(2인분)

- 양파 1/4개
- 대파 1/2대
- 돼지고기(삼겹살) 300g
- 묵은지 400g
- 다시마(10×10cm) 1장
- 김치 국물 1/2컵
- 물 1컵
- 고춧가루 1
- 다진 마늘 1
- 국간장 1
- 소금·후춧가루 약간씩

대체 식재료

삼겹살 ▶ 앞다릿살 또는 뒷다릿살

밀푀유는 '천 개의 잎사귀'라는 뜻으로 재료를 차곡차곡 쌓은 요리법이에요. 갖가지 채소를 함께 먹을 수 있으며 버섯, 두부 등을 곁들여도 좋아요.

만들기

1.
양파와 대파는 굵게 채 썬다.

2.
삼겹살과 묵은지는 겹겹이 쌓아서 냄비 두께에 맞게 자른다.

3.
냄비에 다시마를 깔고 양파를 얹은 다음 삼겹살 묵은지를 돌려서 담는다.

4.
김치 국물과 물 1컵을 붓고 고춧가루, 다진 마늘, 국간장을 넣은 다음 대파를 얹고 뚜껑을 덮어 중간 불에 10분 정도 익힌다.

돼지고기, 김치, 두부를
볶아 먹는 즉석 국물 요리

두루치기 전골

요리 시간
30분

재료(2인분)
· 돼지고기(목살) 200g
· 배추김치 250g
· 두부 1/2모
· 대파 1대
· 고춧가루 1
· 다진 마늘 1
· 김치 국물 1/4컵
· 참치한스푼 1
· 물 1컵
· 소금·후춧가루 약간씩

대체 식재료
참치한스푼 ▶ 국간장

만들기

1.
돼지고기는 목살로 준비하여 큼직하게 썬다. 배추김치도 큼직하게 썬다.

2.
두부는 도톰하게 썰고 대파는 채 썬다.

3.
전골팬 가장자리에 두부를 돌려 담고 가운데에 돼지고기와 배추김치를 담는다.

4.
고춧가루, 다진 마늘, 김치 국물, 참치한스푼, 대파, 물 1컵을 넣어 센 불로 7~8분 정도 끓여 소금과 후춧가루로 간을 한다.

돼지고기 안심으로 만든
찹스테이크

찹스테이크

요리 시간
30분

주재료(2인분)
- 피망 1/6개
- 파프리카 1/6개
- 양파 1/6개
- 미니 새송이버섯 2개
- 돼지고기(안심) 200g
- 소금·후춧가루 약간씩
- 녹말가루 1/4컵
- 식용유 적당량

소스 재료
- 돈가스 소스 4
- 토마토소스 1/2컵
- 다진 마늘 1

대체 식재료
안심 ▶ 등심

고기는 자주 뒤집으면
육즙이 빠져 질겨지니 한쪽
면을 익힌 후 다른 면을 익혀요.

만들기

1.
피망, 파프리카, 양파, 미니 새송이버섯은 먹기 좋은 크기로 썬다.

2.
돼지고기 안심은 납작하게 썰어서 소금과 후춧가루로 간을 한 다음 녹말가루를 골고루 입힌다.

3.
팬을 달구어 식용유를 두르고 채소와 버섯을 볶은 다음 돼지고기를 중간 불에 3분 정도 굽는다.

4.
팬에 분량의 소스 재료를 모두 넣어 끓여 바글바글 끓으면 돼지고기 안심과 볶은 채소를 넣어 버무린다.

채소는 아삭하게,
돼지고기는 삼삼하게

제육덮밥

요리 시간
30분

주재료(2인분)
· 돼지고기(목살) 200g
· 상추 4장
· 깻잎 2장
· 표고버섯 2장
· 양파 1/4개
· 밥 2공기
· 식용유 약간
· 소금·통깨 약간씩

돼지고기 양념 재료
· 고추장 2
· 고춧가루 1
· 간장 1
· 물엿 1
· 다진 파 2
· 다진 마늘 1
· 참기름 1
· 깨소금 0.5
· 후춧가루 약간

만들기

볶음고추장이나
고추장을 넣어 비벼
먹으면 맛있어요.

1.
돼지고기 목살은 먹기 좋은 크기로 잘라 분량의 양념 재료에 10분 정도 재운다.

2.
상추는 굵게 채 썰고 깻잎은 가늘게 채 썬다.

3.
표고버섯은 납작하게 썰고 양파는 채 썰어 팬에 기름을 두르고 각각 볶아서 소금으로 간을 한다.

4.
접시에 상추를 돌려 담고 표고버섯, 양파, 깻잎을 곁들인다. 밥은 따로 담고 통깨를 뿌린다.

간장으로 깔끔하게
맛을 낸 불고기

돼지 간장 불고기

자작하게 남은
불고기 양념에 떡볶이떡을
넣어 볶아 먹어도 좋아요.

요리 시간
30분

주재료(2인분)
- 돼지고기(앞다릿살 또는 뒷다릿살) 300g
- 양파 1/2개
- 대파 2대
- 떡볶이떡 50g
- 식용유 적당량

간장 양념 재료
- 간장 4
- 굴소스 0.5
- 설탕 1
- 물엿 1
- 맛술 2
- 참기름 1
- 깨소금 1
- 다진 마늘 1
- 다진 파 3
- 다진 생강·후춧가루 약간씩

만들기

1.
돼지고기는 얇게 썬 것으로 준비하여 먹기 좋은 크기로 썬다.

2.
양파와 대파는 채 썬다. 대파는 5분 정도 물에 담갔다가 물기를 뺀다.

3.
분량의 간장 양념 재료를 섞어 돼지고기에 넣어 조물조물 버무린다.

4.
프라이팬을 달구어 식용유를 두르고 돼지고기를 넣어 센 불로 볶다가 반쯤 익으면 양파와 떡볶이떡을 넣어 3분 정도 볶다가 채 썬 대파를 곁들인다.

볶음밥, 면 요리,
술안주로도 활약

국물 제육볶음

요리 시간
30분

주재료(2인분)
· 돼지고기(목살 또는 앞다릿살) 300g
· 감자 1개
· 양파 1/4개
· 대파 1/2대
· 식용유 적당량
· 물 2컵

돼지고기 양념 재료
· 고추장 3
· 고춧가루 2.5
· 다진 마늘 2
· 간장 2
· 맛술 1
· 물엿 1
· 설탕 1
· 참기름·깨소금·후춧가루 약간씩

대체 식재료
감자, 양파 ▶ 고구마, 양배추

만들기

부재료는 식성에
따라 준비하세요.

1.
돼지고기는 얇게 썬 것으로 준비하여 먹기 좋게 썬다. 분량의 양념 재료를 섞어 돼지고기에 버무려 5분 정도 재운다.

2.
감자와 양파는 한입 크기로 썬다. 대파는 어슷하게 썬다.

3.
냄비에 식용유를 두르고 양념한 돼지고기를 넣어 센 불에 2분 정도 볶다가 감자를 넣어 1분 정도 더 볶는다. 물 2컵을 넣어 중간 불에 10분 정도 끓인다.

4.
돼지고기와 감자가 어느 정도 익으면 양파를 넣어 3분 정도 더 끓인 다음 대파를 넣고 한소끔 더 끓인다.

바삭한 대패 삼겹살과
아삭한 숙주의 만남

대패 삼겹살 숙주볶음

요리 시간
30분

재료(2인분)
· 숙주 200g
· 마늘 3쪽
· 양파 1/4개
· 식용유 적당량
· 돼지고기(대패 삼겹살) 200g
· 간장 2
· 굴소스 1.5
· 맛술 1
· 소금·후춧가루 약간씩
· 가다랑어포(가츠오부시) 1줌
· 파슬리가루 적당량

가다랑어포와 파슬리가루는 없다면 빼도 돼요.

만들기

1.
숙주는 씻고 마늘은 편으로 썰고 양파는 채 썬다.

2.
팬에 식용유를 두르고 중간 불에 마늘을 넣어 1분 정도 볶다가 양파를 넣어 2분 정도 더 볶는다.

3.
대패 삼겹살을 넣어 2분 정도 볶다가 간장, 굴소스, 맛술을 넣어 볶는다.

4.
숙주를 넣어 숨이 죽을 정도로 살짝 볶은 다음 소금과 후춧가루로 간을 하고 가다랑어포와 파슬리가루를 뿌린다.

재료를 준비하여
달달 볶으면 끝!

제육 고추장볶음

요리 시간
30분

주재료(2인분)
· 양파 1/4개
· 마늘 10쪽
· 깻잎 10장
· 대파 1/4대
· 돼지고기(앞다릿살) 300g
· 식용유 적당량
· 참기름·깨소금 적당량씩

돼지고기 양념 재료
· 고추장 2
· 고춧가루 3
· 간장 2
· 다진 마늘 1
· 물엿 1
· 맛술 1
· 설탕 0.5
· 후춧가루 약간

양념에 재운 돼지고기를 볶아서
밥에 곁들이면 제육덮밥이 되고
두부를 곁들이면 두루치기가 돼요.
또 양념한 고기는 타기 쉬우니
센 불에서 볶다가 중간 불로 줄이세요.

만들기

1.
양파는 굵게 채 썰고 마늘은 반으로 썰고 깻잎과 대파는 두껍게 채 썬다. 돼지고기는 먹기 좋은 크기로 썬다.

2.
분량의 양념 재료를 섞어 돼지고기에 버무려 20분 정도 재운다.

3.
팬을 달구어 식용유를 두르고 양파와 마늘을 넣어 볶다가 마늘향이 나면 돼지고기를 넣어 중간 불로 5분 정도 볶는다.

4.
돼지고기가 익으면 깻잎과 대파를 넣고 참기름과 깨소금을 넣는다.

돼지고기 순두부찌개

요리 시간
30분

재료(2인분)
· 순두부 1봉
· 애호박 1/4개
· 양파 1/8개
· 대파 1/6대
· 고춧가루 2
· 고추기름 2
· 돼지고기(앞다릿살) 100g
· 다진 마늘 1
· 물 1/2컵
· 국간장 1
· 새우젓 0.5
· 소금·후춧가루 약간씩

대체 식재료
순두부 ▶연두부

만들기

1.
순두부는 가위로 반으로 잘라 그릇에 담는다. 애호박과 양파는 먹기 좋은 크기로 썰고 대파는 굵게 채 썬다.

2.
바닥이 두꺼운 냄비나 뚝배기에 고춧가루, 고추기름, 돼지고기를 넣어 은근한 불에 2분 정도 타지 않도록 볶는다.

3.
고춧가루의 향이 우러나면 다진 마늘을 넣어 1분 정도 볶다가 물 1/2컵을 넣어 끓인다. 국물이 끓으면 애호박과 양파를 넣어 중간 불에 5분 정도 끓인다.

4.
순두부를 숟가락으로 떠 넣고 국간장과 새우젓을 넣어 5분 정도 끓인 다음 소금과 후춧가루로 간을 한다.

돼지 목살을 넣은
김치찌개의 정석

돼지고기 김치찌개

요리 시간
35분

재료(2인분)
· 배추김치 300g
· 돼지고기(목살) 200g
· 양파 1/4개
· 대파 1/4대
· 풋고추·홍고추 1개씩
· 들기름 2
· 다시마 우린 물 4컵
· 김치 국물 1/4컵
· 다진 마늘 1
· 소금·후춧가루 약간씩

대체 식재료
· 다시마 우린 물 ▶ 물
· 들기름 ▶ 식용유

만들기

다시마 우린 물을
넣으면 훨씬
깊은 맛이 나요.

1.
배추김치와 돼지고기는 먹기 좋은 크기로 큼직하게 썬다. 양파는 굵게 채 썰고 대파, 풋고추, 홍고추는 어슷하게 썬다.

2.
냄비에 들기름을 두르고 배추김치와 돼지고기를 볶는다.

3.
5분 정도 지나 재료가 어느 정도 익으면 다시마 우린 물과 김치 국물을 부어 센 불에서 끓이다가 국물이 끓으면 중간 불에서 15분 정도 푹 끓인다.

4.
김치가 부드럽게 익으면 양파를 넣고 5분 정도 끓이다가 풋고추, 홍고추, 대파, 다진 마늘을 넣어 살짝 끓여 소금과 후춧가루로 간한다.

돼지고기와 부추의
궁합 맛집

돼지고기 부추전

요리 시간
30분

재료(2인분)
· 부추 1/2줌
· 청양고추 1개
· 부침가루 1/2컵
· 소금·후춧가루 약간씩
· 달걀 1개
· 물 1/4컵
· 돼지고기(다짐육) 100g
· 식용유 적당량

대체 식재료
부침가루 ▶ 밀가루

돼지고기는 소금, 후춧가루, 다진 마늘 등을 넣어 밑간을 하면 누린내를 제거할 수 있어요. 또 부침가루에는 간이 되어 있으니 소금의 양은 조절하세요.

만들기

1.
부추는 송송 썰고 청양고추는 씨째 송송 썬다.

2.
볼에 부침가루, 소금, 후춧가루, 달걀, 물 1/4컵을 넣고 멍울지지 않게 잘 섞는다.

3.
반죽에 돼지고기, 부추, 청양고추를 넣어 섞는다.

4.
팬을 달구어 식용유를 두르고 반죽을 한 수저씩 떠 넣어 앞뒤로 노릇노릇하게 지진다.

오래 삶지 않아도
부드러운 장조림

돼지 안심 마늘장조림

요리 시간
40분

주재료(4인분)
· 돼지고기(안심) 400g
· 통후추 약간
· 물 5컵
· 마늘 6쪽
· 꽈리고추 10개
· 다진 마늘 1
· 후춧가루 약간

조림장 재료
· 돼지고기 삶은 물 1컵 +1/2컵
· 간장 1/2컵
· 설탕 4
· 물엿 2
· 맛술 2

대체 식재료
돼지고기 삶은 물 ▶ 물

돼지고기 삶은 물이
부족하면 물을 더 넣으세요.
또 삶은 메추리알이나 달걀을
넣어 조리면 더 맛있어요.

만들기

1.
돼지고기는 4등분하여 냄비에 통후추, 물 5컵과 함께 넣고 삶는다. 20분 정도 지나 돼지고기가 익으면 식혀서 먹기 좋게 찢는다.

2.
마늘은 씻고 꽈리고추는 씻어 꼭지를 떼어내고 큰 것은 반으로 썬다.

3.
냄비에 분량의 조림장 재료와 찢어 놓은 돼지고기와 마늘을 넣고 은근한 불에 10분 정도 조린다.

4.
꽈리고추를 넣고 2분 정도 조린 다음 다진 마늘과 후춧가루를 넣는다.

부드럽게 삶아서
간장에 조린

삼겹살조림

요리 시간
40분

주재료(2인분)
- 돼지고기(통삼겹살) 300g
- 대파 1/2대
- 양파 1/4개
- 마늘 4쪽
- 물 2컵
- 식용유 약간

조림장 재료
- 간장 1/4컵
- 물엿 2
- 맛술 2
- 설탕 0.5
- 마른 고추 2개
- 통후추 약간

만들기

1.
돼지고기는 통삼겹살로 준비하여 팬에 식용유를 두르고 앞뒤로 노릇노릇하게 굽는다.

2.
냄비에 구운 삼겹살을 넣고 대파, 양파, 마늘, 물 2컵을 넣는다.

3.
분량의 조림장 재료를 넣고 끓여 국물이 끓기 시작하면 중간 불로 줄여 20분 정도 조린다.

4.
윤기나게 조려지면 불을 끄고 비닐팩을 덮어 마르지 않도록 하여 식힌 다음 먹기 좋은 크기로 썬다.

매일 먹어도 좋은
사계절 반찬

돼지고기 깻잎말이조림

요리 시간
30분

주재료(2인분)
· 돼지고기(볼깃살) 150g
· 청주 1
· 깻잎 10장
· 대파(흰 부분) 5대

조림장 재료
· 간장 3
· 설탕 1.5
· 청주 3
· 생강즙 0.3
· 물 3

대체 식재료
· 청주 ▶ 맛술 또는 소주
· 생강즙 ▶ 생강가루

말아놓은 돼지고기가 풀릴 수 있으니 말아둔 끝은 냄비 바닥에 두고 조린 후 어느 정도 익으면 굴려가며 익히세요.

만들기

1.
돼지고기는 볼깃살로 준비하여 0.1cm 두께로 넓게 썰고 청주를 뿌려서 잠시 재운다.

2.
깻잎은 씻어 물기를 빼고 대파는 돼지고기의 너비로 맞춰 썬다.

3.
돼지고기에 깻잎을 펼쳐서 얹은 다음 대파를 얹고 김밥 말듯이 돌돌 만다.

4.
냄비에 분량의 조림장 재료를 넣고 센 불로 끓여 바글바글 끓으면 돼지고기말이를 넣고 불을 줄여 굴려가면서 3분 정도 조린다.

간장 양념장에 재워
달달 볶은 고기 반찬

돼지고기 마늘종볶음

요리 시간
25분

주재료(2인분)
· 돼지고기(안심 또는 등심) 100g
· 홍고추 1/3개
· 마늘종 80g
· 소금 약간
· 식용유 적당량
· 소금·후춧가루 약간씩
· 통깨 적당량

돼지고기 양념 재료
· 간장 1
· 설탕 약간
· 다진 파 1
· 다진 마늘 0.3
· 후춧가루 약간

대체 식재료
마늘종 ▶
풋고추 또는 꽈리고추

만들기

1.
돼지고기는 채 썰어 분량의 양념 재료에 버무려 10분 정도 재운다.

2.
홍고추는 씨를 빼고 어슷하게 채 썰고 마늘종은 4cm 길이로 썰어 끓는 물에 소금을 약간 넣고 살짝 데쳐 찬물에 헹구어 물기를 뺀다.

3.
팬을 달구어 식용유를 두르고 돼지고기를 넣어 중간 불에 2분 정도 볶는다.

4.
돼지고기가 익으면 마늘종을 넣어 2분 정도 더 볶다가 소금과 후춧가루로 간을 하고 홍고추와 통깨를 넣는다.

오늘은 배달 음식 금지,
집에서 만드는

탕수육

요리 시간
40분

주재료(2인분)
· 돼지고기(등심 또는 안심) 400g
· 소금·후춧가루 약간씩
· 녹말가루(감자) 1컵
· 달걀 흰자 1개분
· 식용유 2
· 튀김기름 적당량
· 오이 1/4개
· 당근 1/6개
· 목이버섯 4개

소스 재료
· 물 1컵+1/2컵
· 간장 3
· 식초 4
· 설탕 8
· 굴소스 0.5
· 생강즙 약간

감자 녹말가루로 튀겨야 바삭바삭해요. 또 튀김옷이 달라붙어도 떨어뜨리지 마세요. 익기 전에 떨어뜨리면 옷이 벗겨지니 다 튀긴 후에 젓가락으로 떨어뜨리세요.

만들기

1.
돼지고기는 등심이나 안심으로 준비하여 먹기 좋은 크기로 썰어 소금과 후춧가루로 밑간을 한 다음 녹말가루, 달걀 흰자, 식용유를 넣어 튀김옷을 입힌다.

2.
170℃의 튀김기름에 돼지고기를 하나씩 넣어 3분 정도 노릇노릇하게 튀긴다.

3.
오이와 당근은 먹기 좋은 크기로 썰고 목이버섯은 물에 불려 손으로 뜯는다.

4.
팬에 물 1컵+1/2컵을 넣고 끓여 끓으면 나머지 재료를 모두 넣는다. 끓으면 오이, 당근, 목이버섯을 넣어 30초 정도 끓여 녹말물을 넣어 튀김에 곁들인다.

닭고기 이야기

닭고기는 고단백 저지방 음식의 대명사로 옛날부터 사랑받아온 식재료예요. 닭고기의 필수 지방산과 불포화 지방산은 피부 건강에 꼭 필요한 영양성분이에요. 또 닭 가슴살은 다른 육류에 비해 지방 성분이 매우 낮아 다이어트하는 사람에게 적극적으로 권장되며 여름철 보양식으로도 활용해요.

유대인들은 몸살감기에 걸리면 '유대인의 페니실린'으로 통하는 닭 뼈를 진하게 우려내 만든 치킨 수프를 먹는다고 해요. 또 닭고기는 섬유질이 가늘고 연하며 근육 섬유 속에 지방이 들어있지 않아서 소화가 잘돼 어린이나 노인들이 영양식으로도 적당해요.

부위별 요리법

통닭은 보통 1kg~1.3kg 정도로 백숙으로 이용하거나 토막 내어 닭볶음탕, 닭찜으로 이용해요. 끝 쪽인 윙과 안쪽인 봉으로 구분하는 닭 날개는 살은 적으나 지방과 콜라겐이 많아 조림이나 튀김으로 적당하고요. 지방과 단백질이 조화롭게 어우러져 쫄깃쫄깃한 맛이 나는 다리살은 조림, 찜, 구이, 튀김으로 적당해요. 닭 가슴살과 안심은 희고 기름기가 없어 다소 퍽퍽할 수 있어 무침이나 볶음, 냉채, 샐러드에 잘 어울려요.

보관법

닭고기는 부분육이라고 하여 부위별로 손질되어 판매되고 있으니 요리에 적합한 부위로 구입하세요. 다른 육류에 비해 빨리 상하므로 구입하면 바로 조리해 먹는 게 좋아요. 한 번에 먹을 양만큼 밀폐용기나 지퍼백에 담아 보관하면 냉장실에서는 3~4일 정도 가능해요. 냉동 보관한 것은 냉장실로 옮겨 천천히 자연 해동해야 가장 신선하게 해동할 수 있어요. 그러나 해동 후에 재냉동은 하지 않는 것이 좋아요.

한눈에 보이는 닭고기 부위

닭고기만 먹으면
반칙!

닭고기구이 쌈

요리 시간
30분

주재료(2인분)
· 양상추 1/4통
· 양파 1/4개
· 방울토마토 5개
· 닭고기(닭 다리살) 2조각 (200g)
· 소금·후춧가루 약간씩
· 맛술 약간
· 식용유 약간

소스 재료
· 간장 1
· 식초 2
· 설탕 1
· 다진 마늘 0.5
· 연겨자 0.3

만들기

1.
양상추는 씻어 손질하고 양파는 채 썰어 찬물에 담갔다가 체에 밭쳐 물기를 뺀다. 방울토마토는 껍질째 4등분한다.

2.
닭 다리살은 소금, 후춧가루, 맛술을 넣어 간한다. 팬에 노릇노릇하게 구워 먹기 좋은 크기로 썬다.

3.
분량의 소스 재료를 골고루 섞는다.

4.
그릇에 닭 다리살, 양상추, 양파, 방울토마토를 보기 좋게 담고 소스를 곁들인다.

피자 도우 대신 활약한
구운 닭 가슴살

그릴 치킨 마르게리타

버섯 샐러드 약간을 곁들이면
메인 요리로도 손색이 없어요.
오븐이 없다면 팬에서
5분 정도 뚜껑을 덮고 굽거나
에어프라이어에 익히세요.

요리 시간

35분

재료(2인분)

- 닭고기(닭 가슴살) 2조각 (200g)
- 허브솔트 약간
- 올리브오일 적당량
- 방울토마토 8개
- 바질 약간
- 바질 페스토 2
- 피자 치즈 100g

대체 식재료

- 바질 ▶ 깻잎채
- 바질 페스토 ▶ 스테이크 소스

만들기

1.
닭 가슴살에 허브솔트와 올리브오일을 뿌려 10분 정도 재운다.

2.
방울토마토는 4등분하고 바질은 굵게 채 썬다.

3.
팬에 닭 가슴살을 넣어 앞뒤로 노릇노릇하게 굽는다.

4.
피자 치즈를 얹어 200℃로 예열한 오븐에서 7~8분 정도 굽는다. 피자 치즈가 녹으면 바질 페스토와 방울토마토를 얹고 채 썬 바질을 뿌린다.

냉장고에서 꺼낸
닭 가슴살을 지글지글

치킨 스테이크

요리 시간
30분

재료(2인분)
· 닭 가슴살 2조각
· 소금·후춧가루 적당량씩
· 밀가루 3
· 마늘종 약간
· 마늘 3쪽
· 올리브오일 3
· 버터 2
· 화이트 와인 1/3컵
· 레몬 주스 1/4컵
· 올리브오일 약간
· 파르메산 치즈가루 1/4컵

대체 식재료
· 마늘종 ▶ 브로콜리 또는 꽈리고추
· 레몬 주스 ▶ 레몬

닭 가슴살은 두꺼우면 잘 익지 않으니 얇게 포를 뜨거나 잔칼집을 많이 넣어 구우세요.

만들기

1.
닭 가슴살은 잔칼집을 넣어 소금과 후춧가루를 약간씩 뿌린 다음 밀가루를 가볍게 묻힌다.

2.
마늘종은 5~6cm 길이로 썰어 끓는 물에 데쳐 찬물에 헹구고 마늘은 다진다.

3.
팬을 달구어 올리브오일 3과 버터를 두르고 마늘을 볶다가 닭 가슴살을 넣어 중간 불에 앞뒤로 지진다. 노릇노릇해지면 약한 불로 줄이고 화이트 와인과 레몬 주스를 넣고 3분 정도 익힌다.

4.
팬을 달구어 올리브오일을 약간 두르고 마늘종을 볶은 다음 소금과 후춧가루로 간을 한다. 그릇에 닭 가슴살과 마늘종을 담고 팬에 남은 소스를 끼얹고 파르메산 치즈가루를 뿌린다.

닭고기 들깨 소스 무침

요리 시간
20분

주재료(1인분)
· 닭고기(닭 가슴살) 1조각 (100g)
· 브로콜리 1/6개
· 소금 약간

들깨 소스 재료
· 들깻가루 3
· 마요네즈 3
· 식초 1.5
· 설탕 1
· 소금·후춧가루 약간씩

대체 식재료
닭 가슴살 ▶ 닭 가슴살 통조림

만들기

1.
닭 가슴살은 끓는 물에 10분 정도 삶아서 건져 식힌다. 식으면 먹기 좋게 손으로 찢는다.

2.
브로콜리는 먹기 좋은 크기로 썰어 끓는 물에 소금을 넣고 2분 정도 데친다. 찬물에 2분 정도 담갔다가 물기를 뺀다.

3.
분량의 들깨 소스 재료를 잘 섞는다.

4.
볼에 닭 가슴살과 브로콜리를 담고 들깨 소스를 넣어 골고루 버무린다.

닭 다리살에 건과일을 넣어
달콤하게 조림

닭 다리살 달콤구이

요리 시간
30분

주재료(1인분)
· 양파 1/6개
· 피망 1/4개
· 파프리카 1/4개
· 닭고기(닭 다리살) 2조각 (200g)
· 소금·후춧가루 약간씩
· 녹말가루 1/4컵
· 식용유 약간
· 크랜베리 2

조림장 재료
· 간장 3
· 맛술 2
· 물엿 2
· 설탕 0.5
· 생강 1톨
· 물 4

대체 식재료
크랜베리 ▶ 건포도

만들기

1.
양파, 피망, 파프리카는 길쭉길쭉하게 썬다.

2.
닭 다리살에 소금과 후춧가루로 간을 하고 녹말가루를 골고루 입힌다.

3.
팬을 달구어 식용유를 두르고 촉촉해진 닭 다리살을 넣어 중간 불에 앞뒤를 노릇노릇하게 구워 큼직하게 썬다.

4.
양파, 피망, 파프리카는 살짝 볶는다. 분량의 조림장을 끓여서 닭 다리살과 크랜베리를 넣어 중간 불에 5분 정도 조린 다음 채소를 넣어 1분 정도 더 조린다.

닭 가슴살 채소 치즈구이

요리 시간
35분

재료(2인분)
· 닭고기(닭 가슴살) 2조각 (200g)
· 마늘가루 0.5
· 올리브오일 약간
· 노랑·빨강 파프리카 1/4개씩
· 주키니 호박 1/6개
· 소금·후춧가루 약간씩
· 모차렐라 치즈 1/2컵
· 멕시칸 치즈 1/4컵

대체 식재료
주키니 호박 ▶
애호박 또는 브로콜리

팬에서 중간 불로
5분 정도 굽거나
에어프라이어에 구우세요.

만들기

1.
닭 가슴살은 1cm 간격으로 칼집을 내어 마늘가루와 올리브오일을 뿌려서 5분 정도 재운다.

2.
파프리카와 주키니 호박은 일정한 두께로 썬다.

3.
닭 가슴살 칼집에 파프리카와 주키니 호박을 가지런히 꽂은 다음 소금과 후춧가루를 골고루 뿌린다.

4.
모차렐라 치즈를 얹어 180℃로 예열한 오븐에 15분 정도 구워 멕시칸 치즈를 뿌린다.

닭 가슴살의 퍽퍽함을
잊게 만드는 레시피

닭 가슴살 버섯구이

요리 시간
20분

재료(2인분)
- 양송이버섯 4개
- 버터 3
- 다진 마늘 1
- 파슬리가루 약간
- 닭고기(닭 가슴살) 2조각 (200g)
- 소금·후춧가루 약간씩

대체 식재료
버터 ▶ 마가린

마늘 버터는 둥글게 뭉쳐 랩에 싸서 냉장고에 차게 보관하세요. 버터가 단단하게 굳으면 얇게 잘라서 사용할 수 있어요.

만들기

1.
양송이버섯은 슬라이스하고 버터는 부드럽게 풀어 다진 마늘과 파슬리가루를 넣어 섞는다.

2.
오븐용기에 닭 가슴살을 얹고 소금과 후춧가루를 뿌린 다음 양송이버섯을 얹는다.

3.
닭 가슴살에 마늘 버터를 얹는다.

4.
200℃로 예열한 오븐에서 10~13분 정도 굽는다.

닭갈비 볶음밥

요리 시간
30분

주재료(1인분)
· 양배추 1장
· 양파 1/4개
· 당근 약간
· 깻잎 3장
· 닭고기(닭 다리살) 100g
· 밥 1공기
· 소금·후춧가루 약간씩
· 식용유 약간

닭고기 양념 재료
· 고추장 1
· 고춧가루 1
· 고추기름 1
· 간장 1.5
· 맛술 1
· 설탕 0.5
· 카레가루 0.5
· 다진 마늘 0.5

만들기

1.
양배추, 양파, 당근은 굵게 다지고 깻잎은 가늘게 채 썬다.

2.
닭 다리살은 굵게 다져 분량의 양념 재료에 5분 정도 재운다.

3.
팬을 달구어 식용유를 두르고 닭 다리살을 넣어 센 불에 볶다가 은근한 불에 3분 정도 더 익힌다.

4.
양배추, 양파, 당근을 넣어 3분 정도 볶다가 밥을 넣어 2분 정도 더 볶은 다음 소금과 후춧가루로 간을 하고 깻잎채를 뿌린다.

메밀국수를 삶아서
집에 있는 생채소를 듬뿍

닭 가슴살 채소 메밀국수

요리 시간
30분

주재료(2인분)
· 메밀국수 2인분
· 소금 약간
· 닭고기(닭 가슴살 통조림) 1통
· 오이 1/4개
· 당근 1/4개
· 자색 양배추 2장
· 상추 3장
· 깻잎 4장
· 무순 약간

양념장 재료
· 고춧가루 2
· 간장 1
· 식초 4
· 설탕 2.5
· 다진 파·다진 마늘 약간씩
· 깨소금· 참기름 약간씩
· 연겨자 0.5

대체 식재료
· 닭 가슴살 통조림 ▶ 익힌 닭 가슴살
· 자색 양배추 ▶ 양배추

연겨자는 튜브에 든 제품을 그대로 사용하고 간장이나 식초를 약간 넣어 잘 풀어 나머지 양념을 넣어야 잘 섞여요.

만들기

1.
메밀국수는 끓는 물에 소금을 넣고 삶아서 물기를 뺀다.

2.
닭 가슴살은 먹기 좋게 찢는다. 오이, 당근, 자색 양배추, 상추, 깻잎은 채 썰고 무순은 먹기 좋게 손질한다.

3.
분량의 양념장 재료에 연겨자를 넣고 잘 푼다.

4.
그릇에 메밀국수를 담고 닭 가슴살을 얹고 준비한 채소를 섞어 올리고 양념장을 곁들인다.

몽골리안 비프 대신
몽골리안 치킨!

몽골리안 치킨

요리 시간
30분

주재료(2인분)
· 닭고기(닭 가슴살) 3조각 (300g)
· 소금·후춧가루 약간씩
· 녹말가루 2
· 쪽파 6뿌리
· 꽈리고추 10개
· 대파 1/4대
· 다진 마늘 1
· 식용유 적당량
· 참기름 1

소스 재료
· 물 2
· 간장 1
· 굴소스 1
· 춘장 0.5

대체 식재료
꽈리고추 ▶ 풋고추

만들기

1.
닭 가슴살은 큼직하게 썰어서 소금과 후춧가루로 간을 하고 녹말가루를 골고루 입힌다.

2.
쪽파는 먹기 좋게 썰고 꽈리고추는 꼭지를 떼어내고 대파는 송송 썬다.

3.
팬을 달구어 식용유를 두르고 대파와 다진 마늘을 살짝 볶은 다음 닭 가슴살을 넣어 앞뒤로 노릇노릇하게 지진다. 쪽파와 꽈리고추는 각각 볶는다.

4.
팬에 분량의 소스 재료를 모두 넣고 끓여 구운 닭 가슴살을 넣어 2분 정도 약한 불로 조린다. 실파와 꽈리고추를 넣어 섞은 다음 참기름을 넣는다.

닭 다리 전쟁은
이제 그만

닭 다리찜

오늘은 닭 다리만 모아 찜을 만들었어요.
간장을 넣고 끓이기 전에 팬에서 노릇노릇하게
지지면 익지 않을 확률은 제로예요!
튀기지 않은 닭 다리 요리라 건강에도 좋아요.

요리 시간
30분

주재료(2인분)

· 닭고기(닭 다리) 6개
· 감자 1개
· 당근 1/4개
· 풋고추·홍고추 1/2개씩
· 대파 1/2대
· 마른 고추 3~4개
· 물 3컵
· 소금·후춧가루 약간씩
· 식용유 약간

양념 재료

· 간장 5
· 설탕 2
· 물엿 1
· 맛술 2
· 다진 마늘 2
· 참기름 1
· 후춧가루 약간

대체 식재료

· 닭 다리 ▶ 닭 볶음탕용
· 마른 고추 ▶ 홍고추

만들기

1.
닭 다리는 뼈를 중심으로 갈라서 넓적하게 펼친다. 감자와 당근은 1cm 두께로 도톰하고 납작하게 썬다. 풋고추, 홍고추, 대파는 어슷하게 썬다.

2.
분량의 양념 재료를 골고루 섞는다.

3.
팬에 식용유를 두르고 달구어 닭 다리를 넣고 앞뒤로 3~4분 정도 노릇노릇하게 굽는다. 이어서 마른 고추를 넣어 매운 맛을 낸다.

4.
냄비에 지진 닭 다리, 마른 고추, 감자, 당근을 넣고 물 3컵을 넣어 센 불로 끓인다.

5.
국물이 끓기 시작하면 중간 불로 줄이고 양념장을 반만 넣어 10분 정도 끓인다.

6.
닭 다리, 감자, 당근이 익으면 나머지 양념을 넣어 3~4분 정도 더 끓인다. 풋고추, 홍고추, 대파를 넣고 소금과 후춧가루로 간을 한다.

찜요리에는 뼈가 있는
닭고기를 사용해야 깊은 맛이 나요.
뼈가 있는 닭 다리살이나
볶음탕용 닭으로 닭찜을
해야 더 맛있어요.

닭 볶음탕

요리 시간
1시간

주재료(2인분)
· 닭(볶음용) 1마리(1kg)
· 감자 2개
· 당근 1/4개
· 양파 1개
· 풋고추·홍고추 1개씩
· 대파 1대
· 깻잎 8장
· 물 4컵
· 소금·후춧가루 약간씩

양념 재료
· 고춧가루 3
· 고추장 1
· 간장 2
· 설탕 0.5
· 다진 마늘 2
· 다진 생강 약간
· 청주 2
· 참기름·통깨 1씩

만들기

1.
닭은 끓는 물에 소금을 약간 넣고 3분 정도 데친다. 감자, 당근, 양파는 큼직하게 썬다. 풋고추, 홍고추, 대파는 어슷하게 썰고 깻잎은 굵게 채 썬다.

2.
분량의 양념 재료를 골고루 섞는다.

3.
냄비에 데친 닭과 물 4컵을 넣고 양념을 반만 넣어 풀고 끓인다. 끓어오르면 감자와 당근을 넣고 20분 정도 끓이다가 불을 줄여 뭉근히 익힌다.

4.
10분 정도 지나 국물이 반 정도로 졸아들면 나머지 양념과 양파를 넣고 끓이다가 닭이 익으면 불린 당면을 넣어 익힌다. 풋고추, 홍고추, 대파, 깻잎을 넣어 한소끔 더 끓여 소금과 후춧가루로 간한다.

닭고기 찹쌀죽

요리 시간
40분(닭 삶는 시간 제외)

주재료(4인분)
· 찹쌀 1컵
· 당근 1/6개
· 양파 1/4개
· 애호박 1/6개
· 소금·후춧가루 약간씩

닭 육수 재료
· 닭(백숙용) 1마리
· 양파 1/4개
· 대파 1대
· 통후추 5알
· 물 10컵

육수를 만들 때에는 뼈를 함께 삶아야 진한 육수가 만들어지니 뼈가 없는 닭 가슴살만 사용하면 맛이 덜해요.

만들기

1.
찹쌀은 깨끗이 씻어 20분 이상 불리고 당근, 양파, 애호박은 굵게 다진다.

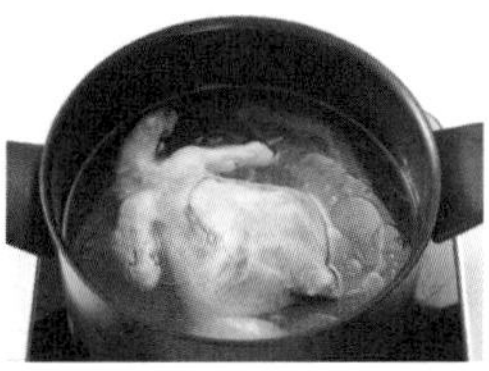

2.
냄비에 닭, 양파, 대파, 통후추를 담고 물 10컵을 부어 30~40분 정도 푹 끓인다.

3.
닭고기를 건져내어 껍질은 제거하고 손으로 먹기 좋게 찢고 닭 육수의 기름을 제거한다.

4.
냄비에 닭 육수 8컵을 붓고 불린 찹쌀을 넣어 끓여 끓으면 20~25분 정도 은근한 불에서 저어가며 끓인다. 닭고기와 다진 채소를 넣어 5분 정도 끓여 소금과 후춧가루로 간을 한다.

열을 내리는
녹두를 넣어 끓인 닭죽

녹두 닭죽

요리 시간
1시간(닭 삶는 시간 제외)

주재료(4인분)
· 닭 1마리(800~900g)
· 물 10컵
· 깐 녹두 1/2컵
· 찹쌀 1/2컵
· 소금 약간
· 부추 약간

닭 삶는 물 재료
· 대파 1대
· 통마늘 5쪽
· 생강 1쪽
· 통후추 약간

닭 밑간 재료
· 소금 0.5
· 다진 마늘 1
· 후춧가루 약간

육수가 부족하면 물을 더 넣으세요. 또 압력솥에 10분 정도 끓여도 돼요. 조리 시간도 단축되고 닭도 부드럽게 익어요.

만들기

1.
닭은 씻어서 냄비에 넣고 물 10컵을 붓는다. 닭 삶는 물 재료를 모두 넣어 약한 불에 30분 정도 푹 끓인다.

2.
닭은 살을 발라 먹기 좋은 크기로 손으로 찢어 분량의 밑간 재료에 밑간을 한다. 육수는 체나 면포에 거른다.

3.
깐 녹두와 찹쌀은 물에 씻어 30분 정도 불린다. 부추는 3cm 길이로 썬다.

4.
닭 육수 8컵에 녹두와 찹쌀을 넣어 중간 불에 20분 정도 끓여 밑간한 닭살을 넣어 10분 정도 끓여 소금 간을 하고 부추를 얹는다.

닭 다리살로만 튀긴
치킨이 진리

간장 닭강정

요리 시간
40분

주재료(1인분)
· 닭고기(닭 다리살) 400g
· 소금·후춧가루 약간씩
· 녹말가루 3
· 튀김가루 3
· 튀김기름 적당량
· 떡볶이떡 100g
· 호박씨·해바라기씨 약간씩

소스 재료
· 간장 3
· 굴소스 1
· 설탕 1
· 물엿 3
· 맛술 2
· 물 1
· 마른 고추 2~3개

대체 식재료
닭 다리살 ▶닭 날개

떡볶이떡 대신 감자, 고구마, 단호박을 기름에 튀겨 넣어도 좋아요.

만들기

1.
닭 다리살은 먹기 좋은 크기로 썰어서 소금과 후춧가루로 간을 한다.

2.
녹말가루와 튀김가루를 섞어서 닭 다리살에 넣어 버무린 다음 170℃의 튀김기름에 노릇노릇하게 튀긴다.

3.
팬을 달구어 식용유를 두르고 떡볶이떡을 넣어 노릇노릇하게 지진다.

4.
분량의 소스 재료를 모두 넣고 끓여 바글바글 끓으면 튀긴 닭고기와 떡볶이떡을 넣어 중간 불로 2분 정도 조린 다음 호박씨와 해바라기씨를 뿌린다.

정상들의 만찬에 오른
중국의 닭 요리

궁보기정

육수는 닭 뼈를
삶은 국물이나 약간의
치킨파우더를 사용하세요.
없다면 물을 넣으세요.

요리 시간

40분

주재료(2인분)

· 닭고기(닭 다리살) 4조각 (400g)
· 마른 고추 2개
· 피망 1/2개
· 생강 약간
· 식용유 1/4컵
· 땅콩 1/2컵

닭고기 밑간 재료

· 소금·후춧가루 약간씩
· 달걀 1개
· 녹말가루 1/2컵

양념 재료

· 고추기름 3 · 육수 3
· 굴소스 1 · 설탕 0.5
· 간장 1 · 맛술 1
· 녹말물(녹말 1, 물 1)
· 참기름·후춧가루 약간씩

대체 식재료

· 마른 고추 ▶ 청양고추
· 땅콩 ▶ 호두 또는 캐슈너트, 마카다미아, 아몬드

만들기

1.
닭 다리살은 먹기 좋게 썰어 소금과 후춧가루로 간을 한 다음 달걀과 녹말가루를 넣어 골고루 섞는다. 마른 고추는 큼직하게 썰고 피망은 큼직하게 썰고 생강은 다진다.

2.
팬에 식용유 1/4컵을 넣고 달군 다음 닭 다리살을 넣어 튀기듯이 익힌다.

3.
팬에 고추기름을 두르고 마른 고추와 다진 생강을 넣어 중간 불로 1분 정도 볶다가 육수, 굴소스, 설탕, 간장, 맛술을 넣어 끓인다.

4.
닭 다리살, 땅콩, 피망을 넣어 2분 정도 볶다가 녹말물을 넣어 농도를 맞춘 후 참기름과 후춧가루를 넣는다.

치즈 품은 치킨 커틀릿

요리 시간
30분

주재료(2인분)
· 닭고기(닭 가슴살) 2조각 (200g)
· 모차렐라 치즈 1/2컵
· 체다 치즈 2장
· 밀가루 1/4컵
· 달걀 1개
· 빵가루 1컵
· 튀김기름 적당량

닭고기 양념 재료
· 소금·후춧가루 약간씩
· 마늘가루 약간

대체 식재료
닭 가슴살 ▶ 돼지고기 등심

닭 가슴살에 카레가루, 파프리카가루 등 여러 가지 향신료를 뿌리면 다양한 맛이 나요.

만들기

1.
닭 가슴살은 얇게 포를 떠서 넓게 펼쳐 분량의 양념 재료로 양념 한다.

2.
닭 가슴살에 모차렐라 치즈와 체다 치즈를 얹어 잘 감싼다.

3.
닭 가슴살에 밀가루를 골고루 묻히고 달걀물을 입힌 다음 빵가루를 골고루 입힌다.

4.
팬에 튀김기름을 넉넉히 두르고 닭 가슴살을 넣어 앞뒤로 노릇노릇하게 2~3분 정도 굽듯이 튀긴다.

쇠고기 이야기

쇠고기에는 단백질이 풍부하여 성장기 어린이의 성장 발육을 촉진하며 회복기 환자에게 좋은 보양식이에요. 그러나 기름이 많은 부위는 지방산이 많으므로 동맥경화증 환자는 과식을 피하는 것이 좋아요.

부위별 요리법

쇠고기 안심은 등심의 안쪽 부위로 가장 부드러워 구이나 스테이크로 이용합니다. 목 쪽에서 등, 허리까지 이어지는 등심은 구이나 스테이크로 이용하고 특히 허리 등심, 채끝살은 살코기와 지방의 조화가 훌륭하며 육질도 부드러워요. 티본 스테이크는 등심과 안심을 한꺼번에 맛볼 수 있는 부위예요. 양지와 사태는 결합조직이 많아 질긴 편으로 오래 끓이는 국물 요리나 찜으로 적당해요. 우삼겹은 소갈비 앞 부분인 가슴 부위에 지방이 적당히 섞여 있는 부위를 삼겹살 모양으로 얇게 잘라낸 것이에요. 그리고 앞다리 쪽에 붙어 있는 가슴 쪽 부위를 얇게 썰어 놓은 것을 차돌박이라 부르는데, 덩어리 지방이 있어 종잇장처럼 얇게 썰어 구워 먹거나 된장찌개에 넣어 먹어요. 아롱사태는 사태 안쪽의 아킬레스건으로 연결된 단일 근육을 따라 사태의 밑 부분에서 윗부분까지를 갈라서 떼어낸 부분을 말해요. 근육 결이 굵고 단단하며 소 한 마리에 2점 정도 밖에 나오지 않는 특수 부위예요. 부드럽게 삶아서 국, 탕, 찜, 편육, 냉채로 이용합니다. 우둔살과 홍두깨살은 지방과 근막이 적어 육질이 부드러운 편으로 불고기, 산적, 장조림, 육회, 육포 등으로 이용해요. 다짐육은 어느 부위나 다 사용 가능하지만 우둔, 홍두깨살, 설도, 앞다릿살을 사용하는 것이 일반적이에요.

보관법

요리에 따라 부위를 잘 선택해서 밀폐용기에 담아 냉장 보관하세요. 냉동 보관한 쇠고기는 해동 후에 조리하는데, 재냉동을 하지 않는 것이 좋아요.

요리 팁

구이용으로 이용할 때에는 키친타월로 수분을 가볍게 제거한 후에 요리하고 국물 요리나 장조림은 물에 담가 핏물을 빼서 사용하세요. 또 쇠고기는 요리에 따라 익히는 정도와 방법을 달리해야 해요. 구이나 스테이크는 육즙이 빠지지 않고 부드럽게 굽는 것이 중요하여 센 불에서 익힌 다음 불 조절을 하여 속은 부드럽게 익히고 장조림이나 찜 등은 오래 삶아 부드럽게 익힌 후 양념해야 질기지 않아요.

한눈에 보이는 쇠고기 부위

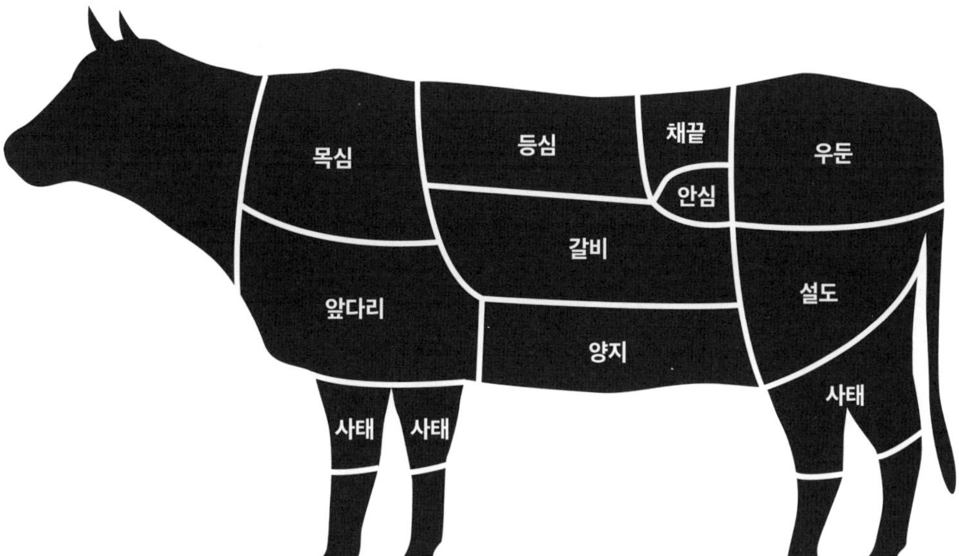

쇠고기 컵밥

요리 시간
25분

주재료(1인분)
· 밥 1공기
· 소금·참기름·깨소금 약간씩
· 당근·양파·실파 약간씩
· 달걀 1개
· 다진 쇠고기 100g

쇠고기 양념 재료
· 간장 1.5
· 설탕 0.5
· 다진 마늘 0.3
· 참기름 1
· 깨소금 0.5

만들기

1.
밥은 소금, 참기름, 깨소금으로 간을 한다. 당근, 양파, 실파는 다진다. 달걀은 잘 풀어서 스크램블 에그를 한다.

2.
다진 쇠고기에 분량의 쇠고기 양념 재료를 모두 넣어 조물조물 무친다.

3.
팬을 달구어 식용유를 두르고 쇠고기와 채소를 넣어 센 불에 2분 정도 볶는다.

4.
컵에 밥을 3분의 1 정도만 담고 쇠고기 채소볶음을 담은 다음 다시 밥을 채우고 스크램블 에그를 얹는다.

쇠고기 무밥

쇠고기 부위는 우둔이 적당해요.
또 무, 시래기, 가지, 취나물,
콩나물 등을 넣으면 다양한
쇠고기밥을 만들 수 있어요.

요리 시간
40분

주재료(2인분)
- 쌀 1컵
- 다진 쇠고기 100g
- 무(4cm 길이) 1/2토막
- 소금 약간
- 물 1컵
- 식용유 약간

쇠고기 양념 재료
- 간장 1
- 설탕 0.5
- 다진 파·다진 마늘 약간씩
- 후춧가루 약간

양념 간장 재료
- 달래 약간
- 간장 3
- 고춧가루 0.5
- 참기름 1
- 통깨 0.5

대체 식재료
달래 ▶ 쪽파

만들기

1.
쌀은 씻어서 20분 정도 불려 체에 밭쳐 건진다. 쇠고기는 분량의 양념 재료에 조물조물 양념한다.

2.
무는 채 썰어 소금에 5분 정도 절인다. 쇠고기는 팬에 넣어 센 불에 2분 정도 볶는다.

3.
솥에 쌀을 담고 절인 무(절여진 물도 함께)를 얹고 물 1컵을 넣고 쇠고기를 얹어 밥을 짓는다.

4.
달래는 송송 썰어 나머지 양념 간장 재료와 골고루 섞어 쇠고기 무밥에 곁들인다.

불고기 비빔밥

요리 시간
30분

주재료(2인분)
· 쇠고기(불고깃감) 200g
· 가지 1/2개
· 상추 4장
· 깻잎 2장
· 양파 1/6개
· 치커리 약간
· 밥 2공기

쇠고기 양념 재료
· 간장 2
· 설탕 0.5
· 맛술 1
· 굴소스 0.3
· 다진 마늘·다진 파 1씩
· 고추기름 1
· 깨소금 0.5
· 후춧가루 약간

양념장 재료
· 풋고추 1개
· 간장 2
· 참기름 1
· 통깨 1

쇠고기는 조물조물 손으로 양념하면 짧은 시간에 양념이 잘 스며들어요.

만들기

1.
쇠고기는 불고깃감으로 준비하여 먹기 좋은 크기로 잘라 분량의 양념 재료에 5분 정도 재운다.

2.
가지는 반으로 갈라 어슷하게 썬다. 상추, 깻잎, 양파는 채 썰고 치커리는 먹기 좋게 손으로 뜯는다.

3.
풋고추는 송송 썰어 나머지 양념장 재료와 골고루 섞는다.

4.
팬을 달구어 쇠고기를 넣고 센 불에 2분 정도 볶다가 가지를 넣어 2분 정도 더 볶는다. 그릇에 밥을 담고 불고기, 채소, 양념장을 곁들인다.

요리할 시간이 없다면,
5분 볶음밥!

쇠고기 볶음밥

요리 시간
20분

주재료(1인분)
· 다진 쇠고기 50g
· 양파 1/4개
· 당근 약간
· 대파 1/4대
· 식용유 적당량
· 밥 1공기
· 굴소스 0.5
· 소금·후춧가루 약간씩
· 통깨 약간

쇠고기 양념 재료
· 간장 1
· 설탕 0.3
· 다진 마늘 0.5
· 참기름·후춧가루 약간씩

쇠고기는 설도나 우둔이 적당하며 미리 볶아서 냉동해 두었다가 그대로 사용해도 돼요. 또 밥은 따끈하게 준비하세요.

만들기

1.
분량의 쇠고기 양념 재료를 골고루 섞어 쇠고기에 조물조물 양념하여 센 불에 2분 정도 볶는다.

2.
양파와 당근은 굵게 다지고 대파는 송송 썬다.

3.
팬을 달구어 식용유를 두르고 양파와 당근을 넣어 중간 불에 1분 정도 볶다가 밥을 넣어 1분 정도 더 볶는다.

4.
굴소스, 대파, 볶은 쇠고기를 넣어 가볍게 버무리고 소금과 후춧가루로 간을 맞추고 통깨를 뿌린다.

쇠고기 국밥

밥은 따로 곁들이거나 국물에 말아서 담으세요.

요리 시간
30분

재료(2인분)
- 무(4cm 길이) 1토막
- 배추 2장
- 대파 1대
- 고추기름 2
- 쇠고기(국거리) 100g
- 고춧가루 2
- 국간장 3
- 물 4컵
- 콩나물 1줌
- 다진 마늘 1
- 소금·후춧가루 약간씩
- 밥 2공기

대체 식재료
배추 ▶ 얼갈이배추

만들기

1.
무는 납작하게 썰고 배추는 길쭉하게 썰고 대파는 3cm 길이로 썬다.

2.
냄비에 고추기름을 두르고 달구어 쇠고기와 무를 넣어 중간 불에서 2분 정도 볶는다.

3.
고춧가루와 국간장을 넣어 2분 정도 볶은 다음 물 4컵을 넣고 끓인다.

4.
끓기 시작하여 10분 정도 지나 무가 익으면 배추, 콩나물, 대파를 넣고 5분 정도 더 끓여 다진 마늘, 소금, 후춧가루로 간을 한다.

쇠고기죽

요리 시간
30분

주재료(2인분)
· 찹쌀 1/2컵
· 다진 쇠고기 100g
· 당근(2cm 길이) 1토막
· 양송이버섯 2개
· 애호박 1/8개
· 참기름 2
· 물 4컵
· 국간장 0.3
· 소금·후춧가루 약간씩
· 깻가루 1

쇠고기 양념 재료
· 참기름 0.3
· 다진 파 0.3
· 후춧가루 약간

쇠고기는 설도나 우둔이 적당해요. 또 찹쌀 대신 멥쌀을 사용하거나 반씩 섞어서 사용해도 돼요.

만들기

1.
찹쌀은 씻어서 20분 정도 불려 체에 밭쳐 물기를 뺀다. 쇠고기는 분량의 양념 재료에 밑간한다. 당근, 양송이버섯, 애호박은 다진다.

2.
냄비에 참기름을 두르고 쇠고기를 넣어 2분 정도 볶다가 불린 찹쌀을 넣어 중간 불에서 3분 정도 볶는다.

3.
당근, 양송이버섯, 애호박을 넣어 1분 정도 더 볶은 다음 물 4컵을 넣고 잘 저어 뚜껑을 덮고 센 불에 끓인다. 끓으면 중간 불로 줄여 중간중간 저어가며 10~15분 정도 끓인다.

4.
쌀알이 부드러워지면 국간장, 소금, 후춧가루로 간을 맞추고 깻가루를 넣는다.

고명으로 화룡점정,
쉬운 떡국

사골 떡국

요리 시간
30분

주재료(2인분)
· 떡국 2컵(400g)
· 대파 1/6대
· 달걀 1개
· 다진 쇠고기 50g
· 사골국 3컵
· 소금·후춧가루 약간씩
· 김가루 약간

쇠고기 양념 재료
· 간장 0.5
· 설탕 약간
· 다진 파 0.5
· 다진 마늘
· 참기름·후춧가루 약간씩

쇠고기는 설도나 우둔이 적당해요. 또 사골국이 없다면 다시마 국물을 준비하세요.

만들기

1.
떡국은 씻어 건지고 대파는 송송 썬다.

2.
달걀은 노른자와 흰자로 나누어 얇게 지단을 부쳐 곱게 채 썬다. 쇠고기는 분량의 양념 재료에 양념하여 프라이팬에 볶는다.

3.
냄비에 사골국을 넣고 끓여 끓으면 떡국과 대파를 넣어 5분 정도 끓인 다음 소금과 후춧가루로 간을 한다.

4.
대접에 떡국을 담고 달걀 지단, 쇠고기, 김가루를 얹는다.

차돌박이 된장찌개

요리 시간
30분

재료(2인분)
- 애호박 1/4개
- 두부 1/4모
- 청양고추 1개
- 대파 1/4대
- 쇠고기(차돌박이) 100g
- 물 2컵
- 다시마(5×5cm) 1장
- 된장 2
- 고춧가루 0.3
- 다진 마늘 1
- 소금·후춧가루 약간씩

대체 식재료
애호박 ▶ 주키니 호박

만들기

1.
애호박과 두부는 도톰하게 썰고 청양고추와 대파는 송송 썬다. 차돌박이는 먹기 좋은 크기로 썬다.

2.
냄비에 물 2컵을 붓고 다시마를 넣어 중간 불에 5분 정도 끓이다가 된장과 고춧가루를 풀어 넣고 5분 정도 더 끓인다.

3.
애호박과 차돌박이를 넣어 끓이다가 애호박이 익으면 두부를 넣는다.

4.
청양고추와 대파를 넣어 한소끔 끓인 후 다진 마늘을 넣고 소금과 후춧가루로 간을 한다.

밥에 비벼 먹거나
채소쌈을 싸 먹거나

쇠고기 강된장과 양배추쌈

요리 시간
30분

주재료(2인분)
· 다진 쇠고기 100g
· 표고버섯 3장
· 애호박 1/4개
· 양파 1/4개
· 풋고추 6개
· 물 1컵
· 녹말물(녹말가루 2, 물 2)
· 양배추·쌈배추 적당량씩

쇠고기 양념 재료
· 된장 1/4컵
· 고춧가루 0.5
· 다진 마늘 1
· 참기름·후춧가루 약간씩

양배추는 전자레인지에
5분 정도 익히거나
김이 오른 찜통에서 아삭아삭한
맛이 나도록 살짝 찌세요.

만들기

1.
다진 쇠고기는 설도나 우둔으로 준비하여 분량의 양념 재료를 넣어 조물조물 무친다.

2.
표고버섯, 애호박, 양파는 굵게 다지고 풋고추는 송송 썬다.

3.
냄비에 준비한 재료를 섞어서 담고 물 1컵을 넣어 끓인다. 국물이 끓기 시작하면 은근한 불로 줄이고 10분 정도 끓인다.

4.
국물이 자작해지면 녹말물을 넣어 걸쭉하게 섞어 익힌 양배추나 쌈배추에 곁들인다.

다짐육에 양념하여
팬에 구운 가정식 떡갈비

파채 듬뿍 얹은 떡갈비

요리 시간
30분

주재료(2인분)
· 다진 쇠고기 300g
· 대파 2대
· 식용유 적당량

초고추장 재료
· 고추장 1
· 고춧가루 0.5
· 식초 1.5
· 설탕 1
· 맛술 1
· 깨소금 약간

양념 재료
· 간장 2.5
· 설탕 1
· 물엿 1
· 다진 마늘 0.5
· 다진 파 1
· 참기름 0.5
· 깨소금·후춧가루 약간씩

만들기

1.
다진 쇠고기는 키친타월로 핏물을 말끔히 제거한다.

2.
대파는 곱게 채 썰어 찬물에 담갔다 물기를 빼서 분량의 초고추장 재료를 모두 섞어 버무린다.

3.
분량의 양념 재료를 골고루 섞은 다음 다진 쇠고기에 넣고 끈기가 생길 때까지 치대어 동글납작한 모양으로 빚는다.

4.
철판을 달구어 식용유를 두르고 떡갈비를 얹어 센 불에서 2분 정도 구워 약한 불에 3~4분 정도 더 굽는다. 익으면 그릇에 담고 대파를 얹는다.

마트에서 판매되는 다짐육은 설도, 우둔 등이지만 집에서 다져서 만든다면 등심을 쓰면 더 부드럽고 맛있어요.

쇠고기 채소말이조림

요리 시간
35분

주재료(2인분)
· 다진 쇠고기 300g
· 당근·실파 약간씩
· 소금 약간

쇠고기 양념 재료
· 간장 3
· 설탕 1
· 맛술 1
· 다진 마늘 0.5
· 참기름 1
· 후춧가루 약간

대체 식재료
당근, 실파 ▶
시금치, 파프리카

다진 쇠고기는 설도나
우둔이 적당한데,
불고깃감을 써도 좋아요.

만들기

1.
다진 쇠고기에 분량의 양념 재료를 모두 넣어 조물조물 버무린 다음 10분 정도 재운다.

2.
당근은 얇게 채 썰고 실파는 일정한 길이로 썬다.

3.
다진 쇠고기를 반으로 나누어 얇게 펴서 당근과 실파를 얹고 돌돌 만다.

4.
쇠고기 채소말이를 팬에 굴려 가며 익히거나 200℃로 예열한 오븐에서 10분 정도 구워 먹기 좋은 크기로 썬다.

쇠고기 장조림

요리 시간
1시간 30분

주재료(4인분)
· 쇠고기(아롱사태) 400g
· 꽈리고추 10개
· 삶은 메추리알 20개
· 다진 마늘 1
· 참기름 1
· 통깨 약간

쇠고기 삶는 물 재료
· 물 5컵
· 대파 1대
· 통마늘 5통
· 마른 고추 2

조림장 재료
· 간장 1/2컵
· 물엿 1/4컵
· 설탕 2
· 맛술 2

대체 식재료
· 아롱사태 ▶ 양지 또는 사태
· 메추리알 ▶ 달걀

압력솥에 10분 정도 끓이면 부드럽게 삶아져요. 또 쇠고기 육수의 양념이 적으면 물을 넣으세요.

만들기

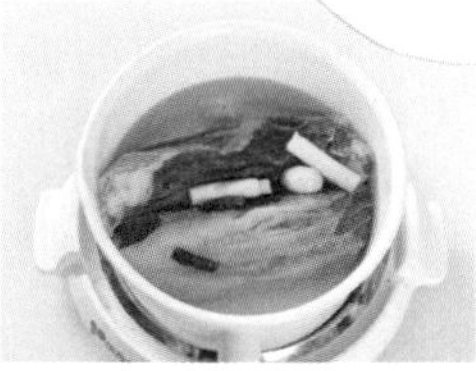

1.
아롱사태는 덩어리로 준비하여 냄비에 물 5컵과 함께 넣고 쇠고기 삶는 물 재료를 넣어 센 불에 끓인다. 끓으면 약한 불로 1시간 정도 삶는다.

2.
아롱사태는 건져 내어 식히고 냄비째 얼음물에 담가 쇠고기의 기름이 굳어지면 걷어낸다.

3.
아롱사태는 얇게 썰고 꽈리고추는 꼭지를 떼어낸다.

4.
육수 3컵에 아롱사태, 삶은 메추리알, 분량의 조림장 재료를 넣고 은근한 불에 20분 정도 졸여 다진 마늘과 꽈리고추를 넣어 1분 정도 끓인 다음 참기름과 통깨를 넣는다.

베이컨 쇠고기구이

요리 시간
30분

재료(2인분)
· 양파 1/6개
· 실파 2뿌리
· 다진 쇠고기 200g
· 달걀 1/2개
· 빵가루 2
· 다진 마늘 0.5
· 소금·후춧가루 약간씩
· 베이컨 10줄
· 돈가스 소스 2

얼음 틀의 폭이 좁으면 베이컨을 한 장 깔고 얹으세요. 폭이 넓다면 베이컨을 1/2줄을 더 연결하여 얹으세요.

만들기

1.
양파는 다지고 실파는 송송 썬다.

2.
다진 쇠고기는 설도나 우둔으로 준비하여 달걀, 빵가루, 다진 마늘, 양파, 실파를 넣고 소금과 후춧가루로 간을 한다.

3.
오븐팬에 얼음 틀을 엎고 베이컨을 얹은 다음 양념한 쇠고기를 얹고 덮어서 얼음 틀에서 뺀다.

4.
200℃로 예열한 오븐에 15분 정도 구워 베이컨에 돈가스 소스를 바르고 200℃의 오븐에서 5분 정도 더 구워 먹기 좋은 크기로 썬다.

치즈를 섞어서 구운
오븐 요리

쇠고기 치즈구이

요리 시간
35분

재료(2인분)
· 다진 쇠고기 200g
· 다진 양파 2
· 소금·후춧가루 약간씩
· 달걀 1개
· 모차렐라 치즈 1/4컵
· 멕시칸 치즈 2
· 다진 파슬리 약간
· 바게트(슬라이스) 6조각
· 버터 2

대체 식재료
바게트 ▶ 모닝빵 또는 식빵

쇠고기에 각종 채소와 버섯, 견과류를 다져 넣어도 좋아요.

만들기

1.
다진 쇠고기는 설도나 우둔으로 준비하여 다진 양파, 소금, 후춧가루를 넣어 잘 섞는다.

2.
달걀을 넣어 잘 섞은 다음 모차렐라 치즈, 멕시칸 치즈, 다진 파슬리를 넣어 섞는다.

3.
바게트에 버터를 펴 바르고 쇠고기 반죽을 펴 바른다.

4.
오븐용기에 얹고 200℃의 오븐에서 10분 정도 굽는다.

아스파라거스 쇠고기볶음

요리 시간
20분

주재료(2인분)
- 아스파라거스 5대
- 쇠고기(등심) 150g
- 홍고추 1/2개
- 식용유 적당량
- 소금·후춧가루 약간씩

쇠고기 양념 재료
- 간장 2
- 설탕 0.5
- 맛술 1
- 다진 파 1
- 다진 마늘 0.5
- 참기름 1
- 후춧가루 약간

대체 식재료
쇠고기 ▶
닭 가슴살 또는 해산물

아스파라거스의 겉껍질을 가볍게 벗겨내고 살짝 데쳐 살짝 볶아야 더 아삭해요.

만들기

1.
아스파라거스는 단단한 부분의 섬유질을 필러로 벗겨내고 어슷하게 먹기 좋은 크기로 썬다.

2.
끓는 물에 소금을 약간 넣고 아스파라거스를 1분 정도 데친 다음 찬물에 헹구어 건진다.

3.
쇠고기는 채 썰어 분량의 양념 재료에 버무린다. 홍고추는 반으로 갈라 어슷하게 썬다.

4.
팬에 식용유를 두르고 쇠고기를 넣어 센 불에 1분 정도 볶다가 아스파라거스를 넣어 1분 정도 더 볶는다. 소금과 후춧가루로 간을 하고 홍고추를 넣는다.

숙주를 듬뿍 넣으면
가정 다이어트식

쇠고기 숙주볶음

요리 시간
20분

재료(2인분)
- 쇠고기(우둔 또는 설도) 100g
- 숙주 2줌
- 양파 1/4개
- 실파 2뿌리
- 식용유 적당량
- 굴소스 1
- 소금·후춧가루 약간씩

숙주는 아삭아삭하게 볶아야 제 맛이니 살짝만 볶으세요.

만들기

1.
쇠고기는 얇게 썬 것으로 준비하여 키친타월로 핏물을 제거하고 먹기 좋은 크기로 썬다.

2.
숙주는 다듬어 물에 씻어 물기를 뺀다. 양파는 채 썰고 실파는 송송 썬다.

3.
팬을 달구어 식용유를 두르고 쇠고기와 양파를 넣어 센 불에서 2분 정도 볶다가 굴소스를 넣어 1분 정도 더 볶는다.

4.
숙주를 넣어 3분 정도 아삭하게 볶은 다음 소금과 후춧가루로 간을 하고 실파를 뿌린다.

'신의 한수'는
씨겨자

쇠고기 핫샐러드

요리 시간
30분

주재료(2인분)
· 쇠고기(등심) 200g
· 소금·후춧가루 적당량씩
· 브로콜리 1/4송이
· 미니 새송이버섯 6개
· 파프리카 1/2개
· 방울토마토 6개
· 식용유 적당량

드레싱 재료
· 식초 3
· 레몬즙 1
· 올리브오일 4
· 소금 0.5
· 씨겨자 0.5

대체 식재료
브로콜리 ▶
아스파라거스 또는
콜리플라워, 껍질콩

쇠고기 대신 닭고기나
돼지고기도 잘 어울려요.
또 채소는 냉장고에 있는
어느 것이나 좋아요.

만들기

1.
쇠고기는 먹기 좋은 크기로 썰어서 소금과 후춧가루를 뿌린다.

2.
브로콜리는 작은 송이로 잘라서 끓는 물에 2분 정도 데쳐 물기를 뺀다. 미니 새송이버섯, 파프리카, 방울토마토는 먹기 좋은 크기로 썬다.

3.
분량의 드레싱 재료를 잘 섞는다.

4.
채소는 각각 볶아서 소금과 후춧가루로 간을 한다. 쇠고기는 센 불에 겉면을 구운 다음 중간 불로 줄여서 속까지 익혀 그릇에 담고 드레싱을 곁들인다.

파스타나 빵을 곁들이면
한 끼 식사 해결

햄버그 그라탱

요리 시간
35분

재료(1인분)
· 다진 쇠고기 300g
· 다진 양파 2
· 다진 마늘 1
· 빵가루 2
· 소금·후춧가루 약간씩
· 식용유 약간
· 새송이버섯 1개
· 토마토소스 1컵
· 모차렐라 치즈 1/2컵

대체 식재료
모차렐라 치즈 ▶
슬라이스 치즈

냉동실에 있는 육류라면
쇠고기, 돼지고기, 닭고기 등
어느 것이나 좋아요.

만들기

1.
다진 쇠고기는 설도나 우둔으로 준비하여 다진 양파, 다진 마늘, 빵가루, 소금, 후춧가루를 넣어 잘 치댄다.

2.
손바닥 크기로 둥글게 빚어 팬에 식용유를 두르고 앞뒤로 노릇노릇하게 굽는다.

3.
오븐용기에 햄버그를 얹고 새송이버섯은 먹기 좋은 크기로 썰어 담는다.

4.
토마토소스를 붓고 모차렐라치즈를 얹은 다음 200℃의 오븐에서 10분 정도 굽는다.

오늘의 멘치 카츠는
다진 고기로 만든 커틀릿

멘치 카츠

기호에 맞게 양배추와
소스를 곁들이세요.
또 카레에 얹어 먹거나
버거 패티로 활용하면 좋아요.

요리 시간
30분

주재료(2인분)
- 양배추 2장
- 양파 1/4개
- 다진 쇠고기(우둔 또는 설도) 200g
- 다진 돼지고기(앞다릿살) 100g
- 간장 1
- 다진 파 1
- 다진 마늘 0.5
- 달걀 1개
- 빵가루 1/4컵
- 소금 0.3
- 후춧가루 약간
- 튀김기름 적당량
- 곁들임 양배추 적당량
- 돈가스 소스 적당량

튀김옷 재료
- 밀가루 1/2컵
- 달걀 1개
- 빵가루 2컵

만들기

1.
양배추와 양파는 굵게 다진다.

2.
다진 쇠고기와 다진 돼지고기에 간장, 다진 파, 다진 마늘, 달걀, 빵가루를 넣어 잘 섞은 후 소금과 후춧가루를 넣어 간을 한다.

3.
양념한 고기에 양배추와 양파를 넣고 잘 섞어서 동그랗게 빚는다.

4.
밀가루, 달걀, 빵가루 순서로 옷을 입혀서 170℃의 튀김기름에 노릇노릇하게 지져 그릇에 담고 양배추와 돈가스 소스를 곁들인다.

먹고 남은 불고기로
가뿐하게 샌드위치

층층이 불고기 샌드위치

요리 시간
25분

주재료(2인분)
- 쇠고기(불고깃감) 100g
- 상추 4장
- 자색 양파 1/4개
- 애호박 1/4개
- 당근 1/8개
- 소금·후춧가루 적당량씩
- 식빵 4장
- 머스터드 소스 적당량
- 슬라이스 치즈 2장
- 식용유 적당량

쇠고기 양념 재료
- 간장 1
- 설탕 0.5
- 다진 파 0.5
- 다진 마늘 0.3
- 참기름·깨소금·후춧가루 약간씩

만들기

1.
쇠고기는 불고깃감으로 준비하여 잘게 썰어 분량의 양념 재료를 모두 섞어 넣고 5분 정도 재운다. 팬에 식용유를 두르고 센 불에서 3분 정도 볶는다.

2.
상추는 씻고 자색 양파는 슬라이스한다.

3.
애호박과 당근은 잘게 채 썰어 팬에 식용유를 두르고 소금과 후춧가루를 뿌려 각각 볶는다.

4.
식빵에 머스터드 소스를 바르고 불고기, 상추, 애호박, 당근, 자색 양파, 슬라이스 치즈를 얹고 식빵을 포개어 샌드위치를 만든다.

무와 배추 이야기

겨울에 무를 과일처럼 깎아 먹으면 그 맛이 달큰하면서도 시원한 맛이 나요. 무에는 디아스타아제라는 소화 효소가 들어 있어 쌀을 주식으로 하는 우리 밥상에서 속을 편하게 해 주는 역할을 하기도 하지요. 쇠고기 넣고 뭇국, 오징어 넣고 뭇국, 어묵 넣고 뭇국, 얼큰한 뭇국, 북어 넣고 또 뭇국을 끓일 수 있듯 무 하나만 있어도 일주일 국 걱정이 없어요.

배추는 김치의 주재료로 한국인의 밥상에서 중요합니다. 김치뿐 아니라 국, 찌개, 겉절이, 볶음 요리에 적당해 냉장고에 보관해 두면 언제나 든든한 지원군이 됩니다.

고르는 법

껍질이 매끈하고 단단하며 윤기가 나는 것이 싱싱한 무입니다. 또 배추는 겉잎이 녹색이며 줄기는 하얗고 속잎은 노란색이 선명한 것이 맛있습니다. 무와 배추는 특히 가을에 맛있어요.

보관법

무는 껍질째 보관해 두었다가 사용할 때 토막을 내어 껍질을 벗겨 사용하는 것이 좋아요. 또 배추는 겉잎을 그대로 사서 냉장 보관하는 것이 좋아요.

진짜 무만 넣은
건강 비빔밥

무생채 비빔밥

무생채와 참기름은
아끼지 말고
듬뿍 넣으세요.

요리 시간
20분

주재료(2인분)
- 무(4cm 길이) 1/2토막
- 소금 약간
- 치커리·깻잎 약간씩
- 밥 2공기
- 참기름 2
- 통깨 1
- 김가루 약간

무 양념 재료
- 고춧가루 1
- 식초 2
- 설탕 1.5
- 소금 0.3
- 다진 마늘 약간

대체 식재료
치커리, 깻잎 ▶
상추 또는 양상추

만들기

1.
무는 일정한 두께로 채 썰어 소금을 약간 뿌려 10분 정도 절인다.

2.
무에 물이 생기면 따라내고 고춧가루, 식초, 설탕, 소금으로 간을 한 다음 다진 마늘을 넣는다.

3.
치커리와 깻잎은 먹기 좋게 썬다.

4.
밥에 채소를 얹고 무생채를 듬뿍 얹은 다음 참기름, 통깨, 김가루를 뿌린다.

무밥

요리 시간
20분

주재료(2인분)
· 쌀 1컵
· 퀴노아 2
· 무(4cm 길이) 1/2토막
· 국간장 1

양념장 재료
· 간장 2
· 송송 썬 실파 2
· 참기름 1
· 깨소금 0.5

대체 식재료
퀴노아 ▶ 보리 또는 조, 수수

퀴노아가 없다면 집에 있는 잡곡을 넣으세요.

만들기

1.
쌀과 퀴노아는 물에 씻어 30분 정도 불린다.

2.
무는 4cm 길이로 일정한 두께로 채 썰어 국간장을 넣고 버무려 물이 생길 때까지 10분 정도 절인다.

3.
밥솥에 쌀과 퀴노아를 넣고 무를 얹은 다음 물 1컵을 부어 밥을 짓는다.

4.
뜸이 들면 밥과 무를 가볍게 섞고 분량의 양념장 재료를 섞어 곁들인다.

굴을 넣은 시원한
겨울용 뭇국

굴 무챗국

요리 시간
30분

재료(2인분)
· 굴 100g
· 무(4cm 길이) 1토막
· 대파 1/4대
· 양파 1/6개
· 참기름 2
· 물 3컵
· 국간장 2
· 다진 마늘 0.5
· 소금·후춧가루 적당량씩

만들기

물 2컵에 소금 0.3을 넣고 녹인 물에 굴을 씻으면 돼요.

1.
굴은 소금물에 흔들어 씻어 껍질과 불순물을 제거한 다음 체에 건진다.

2.
무, 대파, 양파는 채 썬다.

3.
냄비에 참기름을 두르고 무를 넣어 은근한 불에 3분 정도 볶다가 물 3컵을 넣어 센 불로 끓인다. 끓으면 국간장을 넣고 은근한 불로 줄여 10분 정도 끓인다.

4.
굴을 넣어 3분 정도 끓인 다음 대파와 양파를 넣고 다진 마늘, 소금, 후춧가루로 간을 한다.

홍합과 짝이 되어 찍은
시원한 맛의 정점

홍합 무챗국

요리 시간
25분

재료(2인분)
- 홍합 300g
- 무(4cm 길이) 1토막
- 대파 1/4대
- 참기름 약간
- 물 3컵
- 국간장 1
- 소금 약간

만들기

1.
홍합은 껍데기째 비벼 씻어서 체에 건진다.

2.
무는 젓가락 두께로 일정하게 채 썰고 대파는 어슷하게 썬다.

3.
냄비에 참기름 약간을 두르고 무를 넣어 센 불에 2분 정도 볶다가 물 3컵을 넣어 끓인다.

4.
5분 정도 지나 무가 어느 정도 익으면 홍합을 넣어 끓인다. 거품을 걷어내며 5분 정도 더 끓여 대파를 넣고 국간장과 소금으로 간을 한다.

오독오독 씹히는
그 맛이 좋아서

무말랭이무침

요리 시간
30분

주재료(2인분)
· 무말랭이 1줌(50g)
· 실파 3뿌리

밑간 재료
· 간장 2
· 매실청 1
· 맛술 1

양념 재료
· 고춧가루 1
· 고추장 1
· 까나리액젓 0.5
· 물엿 2
· 참기름 1
· 깨소금 1

대체 식재료
실파 ▶ 고춧잎

만들기

무말랭이는 물에 오래 불리지 말고 가볍게 씻어 무쳐야 맛있어요.

1.
무말랭이는 물에 가볍게 씻어 건져 분량의 밑간 재료에 10분 정도 밑간한다.

2.
실파는 2cm 길이로 썰고 분량의 양념 재료는 골고루 섞는다.

3.
무말랭이에 양념을 넣어 조물조물 무친 다음 실파를 넣어 가볍게 버무린다.

은은한 핑크빛,
새콤한 맛의 홍초 피클

무 홍초 즉석 피클

요리 시간
20분

재료(2인분)
· 무(4cm 길이) 1/2토막
· 오이 1/4개
· 당근 1/8개
· 피망 1/4개
· 소금 0.5
· 홍초 3
· 설탕 2
· 식초 1.5
· 다진 마늘 0.5

대체 식재료
홍초 ▶ 식초 또는 레몬즙

무를 얇게 썰어 만드는 무절임을 만들 때도 홍초를 넣으면 좋아요. 그 외에도 드레싱을 만들거나 식초를 사용해야 할 때 홍초를 이용하면 신맛과 단맛 내기가 쉬워요.

만들기

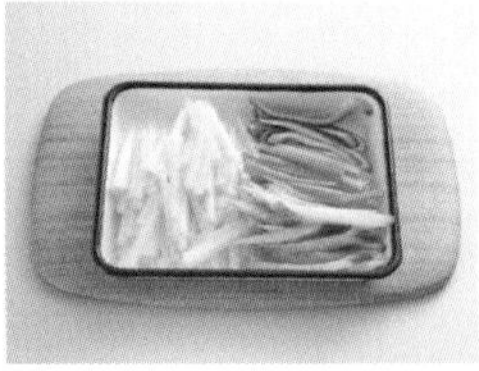

1.
무, 오이, 당근, 피망은 일정한 두께로 채 썬다.

2.
무에 소금을 넣고 섞어서 5분 정도 절인다.

3.
무가 절여지면 홍초, 설탕, 식초, 다진 마늘을 넣는다.

4.
오이, 당근, 피망을 넣고 섞어서 양념이 배도록 5분 정도 둔다.

소화가 잘 안 될 때는
무 반찬으로

무 섞박지

요리 시간
30분

주재료(8인분)
· 무 1개(1kg)
· 찹쌀가루 1

절임 양념 재료
· 물 1컵
· 굵은소금 3
· 설탕 1

양념 재료
· 고춧가루 4
· 다진 마늘 2
· 새우젓 1
· 멸치액젓 2
· 생강즙 0.3
· 소금 약간

약간의 인공 감미료를 넣으면 설렁탕집의 섞박지 맛이 나겠지만, 집에서는 맛보다 건강을 생각해 설탕을 약간 넣어 절였어요.

만들기

1.
무는 넓적하게 썬다.

2.
물 1컵에 분량의 절임 양념 재료를 넣어 섞은 다음 무를 넣어 20분 정도 절인다.

3.
절인 무는 건지고 절인 물 1컵에 찹쌀가루를 풀어 묽게 쑨다.

4.
절인 무에 고춧가루를 넣어 섞고 찹쌀풀과 나머지 양념 재료를 넣어 버무린다.

가장 쉬운 김치는
나박김치

나박 물김치

요리 시간
1시간

주재료(10인분)
· 배춧잎 4~5장
· 무(3cm 길이) 1토막
· 굵은소금 2큰술
· 미나리 1/2줌
· 실파 4~5뿌리
· 마늘 2쪽
· 생강 약간

국물 재료
· 물 5컵
· 고춧가루 2
· 매실청 1
· 소금 약간

당근이나 배를 모양 틀에 찍어 넣어도 좋아요. 고춧가루 대신 홍고추를 곱게 갈아서 체에 걸러서 고춧가루와 함께 넣으면 맛이 더 시원해요.

만들기

1.
배춧잎과 무는 나박나박 썰어 굵은소금을 솔솔 뿌려 20분 정도 절인다.

2.
미나리와 실파는 다듬어 2cm 길이로 썰고 마늘과 생강은 채 썬다.

3.
볼에 물 5컵을 담고 고춧가루를 면포에 싸서 빨간 물을 들이고 매실청과 소금을 넣어 섞는다.

4.
절인 배춧잎과 무에 마늘 채와 생강 채를 넣어 섞는다. ③의 국물을 붓고 매실청과 소금으로 간을 한 다음 미나리와 실파를 넣어 김치통에 넣는다.

부치면서 다 같이 먹으면
더 맛있는 전

배추전과 무전

요리 시간
30분

주재료(4인분)
· 무(6cm 길이) 1토막
· 배추속대 8장
· 밀가루 1컵
· 물 1컵
· 소금 약간
· 식용유 적당량

초고추장 재료
· 고추장 1
· 식초 1.5
· 설탕 1

기호에 따라
초고추장을 곁들이세요.

만들기

1.
무는 껍질을 벗겨 0.3cm 두께로 모양대로 썰고 배추속대는 모양을 살려 한 잎씩 떼어낸다.

2.
무는 김이 오른 찜통에 넣어 3분 정도 부드럽게 찐다.

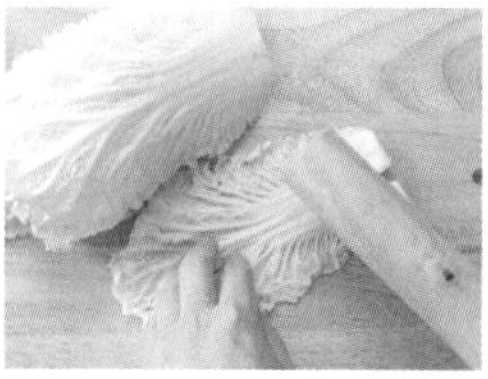

3.
배추속대는 굵은 줄기를 방망이로 자근자근 두드린다.

4.
밀가루에 물 1컵과 소금을 약간 넣고 반죽하여 무와 배추에 부침옷을 입힌다. 팬을 달구어 식용유를 두르고 노릇노릇하게 지진다.

배추와 된장이 빚은
건강한 맛

통배추찜

요리 시간
30분

재료(4인분)
· 연배추 2통
· 풋고추 1개
· 다시마(5×5cm) 1장
· 물 1/4컵
· 된장 3
· 통깨 약간

대체 식재료
연배추 ▶ 김장배추 또는 봄동

만들기

1.
연배추는 4등분하여 씻어 건지고 풋고추는 송송 썬다.

2.
냄비에 다시마를 넣고 연배추를 가지런히 얹은 다음 물 1/4컵을 넣고 뚜껑을 덮고 센 불로 끓인다. 끓으면 불을 줄여 10분 정도 끓인다.

3.
연배추가 부드러워지면 된장을 넣어 잘 푼다.

4.
풋고추를 넣어 국물을 끼얹어 가며 2분 정도 끓인다.

신선한 채소의 맛을
그대로 느낄 수 있는 나물

배추나물

요리 시간
20분

재료(2인분)
· 배춧잎 4장
· 국간장 1
· 참기름 1
· 통깨 1
· 송송 썬 실파 2
· 소금 약간

대체 식재료
배춧잎 ▶
얼갈이배추 또는 봄동, 열무

만들기

1.
배춧잎은 끓는 물에 2분 정도 데쳐서 물기를 꼭 짠다.

2.
데친 배춧잎은 먹기 좋게 송송 썬다.

3.
볼에 배춧잎을 넣고 국간장, 참기름, 통깨를 넣어 골고루 섞은 다음 실파를 넣고 소금으로 간을 한다.

나물은 냉장고에 한 번 들어갔다
나오면 맛이 떨어지니
한 끼 먹을 만큼만 조물조물
무쳐서 바로 맛보세요.

배추 된장무침

요리 시간
20분

주재료(2인분)
· 배추(작은 것) 1/4통
· 소금 약간

양념 재료
· 된장 2
· 고춧가루 0.5
· 다진 파 1
· 참기름 1
· 깨소금 0.5

배추 된장무침은 가을배추로
만들어야 맛있어요.
다른 계절에는 싱거워서
맛이 없거든요.

만들기

1.
배추는 뿌리를 잘라 내고 끓는 물에 소금을 넣고 3분 정도 데친다.

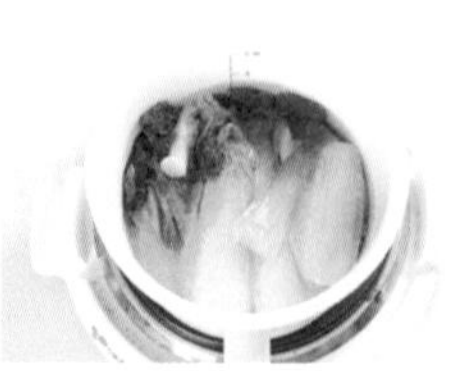

2.
배추의 줄기가 부드럽게 익으면 찬물에 헹구어 물기를 뺀다.

3.
분량의 양념 재료를 골고루 섞는다.

4.
배추에 양념을 넣어 조물조물 무친다.

무쳐서 반찬으로 먹고
남으면 된장국으로 먹는

얼갈이배추 된장무침

요리 시간
15분

주재료(2인분)
· 얼갈이배추 200g
· 홍고추 1/2개
· 소금 약간

양념 재료
· 된장 1
· 들깻가루 1
· 다진 마늘 약간(0.2 정도)
· 참기름 약간

얼갈이배추라는 이름은 얼면서 녹으면서 큰다고 하여 붙여졌다는 설과 이른 봄 딱딱하게 언 땅을 대충 갈아 심었다 하여 얼갈이배추라고 불린다고 해요

만들기

1.
얼갈이배추는 다듬어 끓는 물에 소금을 넣고 2분 정도 데쳐서 찬물에 헹구어 물기를 뺀다.

2.
데친 얼갈이배추는 먹기 좋게 썰고 홍고추는 가늘게 채 썬다.

3.
볼에 얼갈이배추를 넣고 분량의 양념 재료를 모두 넣어 조물조물 무친 다음 홍고추를 넣어 가볍게 버무린다.

배추 된장국에
들깻가루 몇 숟가락

배추 들깨 된장국

요리 시간
30분

주재료(2인분)
· 배추 4장
· 대파 1/4대
· 된장 2
· 다진 마늘 0.5
· 들깻가루 3
· 소금·후춧가루 약간씩

국물 재료
· 물 4컵
· 멸치(국물용) 7~8마리

대체 식재료
배추 ▶
시금치 또는 아욱, 근대

만들기

1.
냄비에 물 4컵과 멸치를 넣고 끓인다. 끓기 시작하면 중간 불로 줄이고 5분 정도 끓인 다음 불을 끄고 10분 정도 두었다가 멸치를 건져낸다.

2.
배추는 먹기 좋은 크기로 썰고 대파는 송송 썬다.

3.
멸치 국물에 된장을 풀어 넣고 센 불로 끓인다. 끓기 시작하면 배추를 넣고 다시 국물이 끓어오르면 약한 불로 줄여서 10분 정도 끓인다.

4.
배추가 부드러워지면 대파, 다진 마늘, 들깻가루를 넣어 2분 정도 끓인 다음 소금과 후춧가루로 간을 한다.

감자 이야기

감자는 음식의 역사에 수많은 이야기를 남겨왔어요. 특히 유럽인들의 식탁에서 감자는 절대 빠질 수 없는 존재입니다. 여러 나라에 대기근이 발생했을 때 감자로 기근을 해결할 수 있었거든요. 지금도 유럽에서 감자는 다양한 요리로 이용되고 있어요. 감자는 알칼리성 식품으로 육식이 주식인 유럽인들에게는 궁합이 좋은 식재료이기 때문입니다. 육식이 점점 느는 우리 밥상에도 감자 요리를 다시 보아야 할 것 같아요.
감자는 언제나 식탁에 오를 수 있도록 준비해 둡니다. 국, 찌개, 조림, 볶음, 전, 튀김 그리고 쪄서 간식으로 먹으니 늘 새롭게 변신할 준비가 되어 있어요.

고르는 법

감자는 흠집이 없고 껍질에 싹이 나거나 녹색으로 변하지 않은 것으로 골라야 해요. 6월이면 햇감자가 많이 나서 늦가을까지는 싱싱한 감자가 넉넉하지만, 그 이후 햇감자가 나오기 전까지는 저장 감자를 먹어야 하는데, 맛도 떨어지고 가격도 비싸요.

보관법

햇감자는 박스에 담아 통풍이 잘되는 곳에 보관하세요. 보관 중에 싹이 나거나 녹색으로 변했다면 그 부분을 잘 도려내고 요리하세요. 감자의 녹색 부분이나 싹에는 솔라닌이라는 독성이 있어 식중독을 유발할 수도 있거든요. 제철이 아닌 계절에는 저장성이 떨어져 더 쉽게 싹이 나고 녹색으로 변할 수 있어요.

감자 넣고 지은
별미밥

감자밥

요리 시간
30분

주재료(2인분)
· 쌀 1컵
· 감자(작은 것) 2개
· 물 1컵+1/2컵

양념장 재료
· 간장 2
· 고춧가루 0.3
· 송송 썬 실파 2
· 참기름 1
· 깨소금 0.5

만들기

1.
쌀은 물에 씻어 20분 정도 불려 체에 밭쳐 물기를 뺀다.

2.
감자는 껍질을 벗겨 큼직하게 썬다.

3.
냄비에 쌀과 감자를 넣고 물 1컵+1/2컵을 넣어 밥을 짓는다.

4.
뜸이 들면 그릇에 담고 분량의 양념장 재료를 섞어 곁들인다.

햇감자에
고기 넣고 삼삼하게

감자 고기조림

요리 시간
30분

재료(2인분)
- 감자 1개
- 쇠고기(불고깃감) 100g
- 피망 1/4개
- 당근 50g
- 물 1컵
- 간장 3
- 설탕 1
- 물엿 1

대체 식재료
쇠고기 ▶ 닭고기

만들기

1.
감자는 껍질을 벗기고 한 입 크기로 썬다. 쇠고기, 피망, 당근은 큼직한 크기로 썬다.

2.
냄비에 감자, 쇠고기, 당근을 넣고 물 1컵, 간장, 설탕, 물엿을 넣어 중간 불에 끓인다.

3.
국물이 끓어오르면 거품을 걷어내며 중간 불에 10분 정도 끓인다. 감자가 익으면 피망을 넣고 국물을 골고루 끼얹으면 2분 정도 조린다.

쇠고기는 얇게 썬 불고깃감이나 우둔으로 준비하세요.
또 당근, 연근, 우엉, 고구마 등을 넣고 조려도 좋아요.

감자 콜리플라워 커리

인도인들이 가장 흔하게 먹는 식재료인 감자와 콜리플라워를 넣어 만든 흔한 커리예요.
인도식 커리를 만들려면 여러 가지 향신료가 필요하여 향신료를 살피다 포기하는 경우가 많아요.
그래도 요즘은 향신료를 구할 수 있는 식재료 가게가 많아졌으니 도전해 보세요.
혹시 어려우면 한두 개는 생략해도 좋아요.

요리 시간
30분

재료(2인분)
- 감자 2개
- 콜리플라워 1/2송이
- 양파 1개
- 토마토 1개
- 청양고추 1개
- 식용유 3~4
- 다진 마늘 1
- 다진 생강 0.3
- 머스터드 시드 0.3
- 큐민 시드 0.3
- 코리앤더 0.3
- 터메릭 0.5
- 카이엔 페이퍼 약간
- 물 2컵
- 소금·후춧가루 약간씩
- 곁들임용 파라타 2장

대체 식재료
콜리플라워 ▶ 연근

만들기

1.
감자는 껍질을 벗겨 먹기 좋은 크기로 썰고 콜리플라워는 한입 크기로 썬다.

2.
양파는 채 썰고 토마토는 큼직하게 썰고 청양고추는 송송 썬다.

3.
팬에 식용유 2를 두르고 양파를 넣어 중간 불에 3분 정도 볶다가 다진 마늘과 다진 생강을 넣어 노릇노릇하게 볶는다.

4.
팬에 나머지 식용유를 두르고 중간 불에 토마토를 볶다가 토마토가 부드러워지면 향신료를 모두 넣어 1분 정도 볶는다. 볶은 양파와 감자, 물 2컵을 넣어 끓인다.

5.
감자가 어느 정도 익으면 콜리플라워를 넣고 부드러워지도록 볶아 소금과 후춧가루로 간을 한다.

6.
파라타를 구워서 곁들인다.

머스터드 시드는 머스터드의 주원료로 톡 쏘는 매운맛이 나 커리나 피클 등에 사용해요. 큐민 시드는 미나리과의 식물로 가루와 씨앗을 모두 사용하는데 톡 쏘는 쓴맛이 특징이에요.

마른 새우 감자조림

요리 시간
20분

주재료(2인분)
· 감자(큰 것) 1개
· 마른 새우 2
· 통깨 약간

조림장 재료
· 간장 2
· 설탕 0.5
· 고춧가루 0.5
· 맛술 1
· 다진 마늘 0.3
· 물 1컵

대체 식재료
마른 새우 ▶
오징어 또는 잔멸치

간장을 감자에 부어 미리 절여서 조리면 감자가 덜 부스러지고 간도 맞아요. 많은 양의 감자조림을 할 때 이용해 보세요.

만들기

1.
감자는 껍질을 벗겨 큼직하게 썰고 마른 새우는 체에 밭쳐 잡티를 골라낸다.

2.
분량의 조림장 재료를 모두 섞는다.

3.
냄비에 조림장을 넣고 끓여 바글바글 끓으면 감자를 넣는다. 끓어오르면 중간 불로 줄여 감자가 부드럽게 익을 때까지 10분 정도 조린다.

4.
국물이 졸아들고 감자가 익으면 마른 새우를 넣어 2분 정도 끓여 그릇에 담고 통깨를 뿌린다.

감자 짜글이

요리 시간
35분

재료(2인분)

- 감자 2개
- 애호박 1/4개
- 양파 1/4개
- 돼지고기(삼겹살 또는 목살) 150g
- 풋고추·홍고추 1/2개씩
- 대파 1/2대
- 참기름 1
- 물 3컵
- 고추장 1
- 고춧가루 2
- 국간장 1
- 새우젓 1
- 다진 마늘 1
- 소금·후춧가루 약간씩

만들기

1.
감자, 애호박, 양파, 돼지고기는 한입 크기로 썬다. 풋고추, 홍고추, 대파는 어슷하게 썬다.

2.
냄비에 참기름을 두르고 돼지고기를 넣어 중간 불에 2분 정도 볶다가 감자를 넣고 물 2컵, 고추장, 고춧가루를 넣고 중간 불에 10분 정도 끓인다.

3.
감자가 익으면 물 1컵을 더 넣고 애호박과 양파를 넣어 5분 정도 더 끓인다.

4.
국간장, 새우젓, 다진 마늘, 풋고추, 홍고추, 대파를 넣어 3분 정도 더 끓인 다음 소금과 후춧가루로 간을 한다.

미역국에
감자를 넣으면

감자 미역국

미역국의 오랜 단짝은 쇠고기이지만 생선을 좋아하는
우리 집에서는 흰 살 생선이나 키조개, 조개 등을 넣어 끓이기도 해요.
또 감자철에는 감자를 숭덩숭덩 썰어 넣고 미역국을 끓여 별미로 맛보아요.

요리 시간
30분

재료(2인분)
· 마른 미역 1/4컵(8g)
· 국간장 2
· 감자 1개
· 참기름 2
· 물 4컵
· 다진 파 1
· 다진 마늘 0.5
· 소금·후춧가루 약간씩

대체 식재료
· 감자 ▶ 버섯
· 국간장 ▶ 참치한스푼

만들기

1.
마른 미역은 찬물에 5분 정도 불려 물기를 뺀 다음 먹기 좋은 크기로 썰어 국간장에 조물조물 무친다.

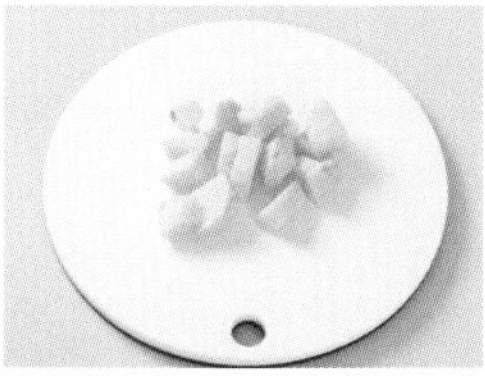

2.
감자는 껍질을 벗겨 먹기 좋은 크기로 썬다.

감자는 잘 익으면 부스러지기 쉬우니 무처럼 오래 삶지 마세요.

3.
냄비에 참기름을 두르고 미역과 감자를 넣어 중간 불에 2분 정도 볶다가 물 2컵을 넣고 센 불에 끓인다. 국물이 끓으면 중간 불로 줄이고 10분 정도 끓인다.

4.
나머지 물 2컵을 넣고 센 불로 10분 정도 더 끓인 다음 다진 파와 다진 마늘을 넣고 소금과 후춧가루로 간을 한다.

감자 브로콜리볶음

요리 시간
25분

재료(2인분)
· 감자 1개
· 브로콜리 1/3개
· 소금·후춧가루 약간씩
· 식용유 적당량
· 들깻가루 2

들깻가루 대신
미강가루를
넣어도 좋아요.

만들기

1.
감자는 납작하게 썰고 브로콜리는 작은 송이로 썬다.

2.
끓는 물에 소금 약간을 넣고 브로콜리를 데쳐서 찬물에 헹궈 물기를 뺀다.

3.
팬에 식용유를 두르고 감자를 넣어 중간 불에 2분 정도 볶다가 감자가 어느 정도 익으면 브로콜리를 넣어 2분 정도 볶는다.

4.
소금과 후춧가루로 간을 하고 들깻가루를 넣고 버무린다.

감자볶음과 비슷하지만
맛은 전혀 다른 이유

감자 잡채

요리 시간
20분

주재료(2인분)
· 감자(큰 것) 1개
· 피망·홍피망 1/4개씩
· 양파 1/4개
· 쇠고기 80g
· 식용유 적당량
· 다진 마늘 1
· 소금 적당량
· 참기름·후춧가루 적당량씩
· 통깨 1

쇠고기 양념 재료
· 간장 1
· 설탕 0.5
· 다진 마늘 0.5
· 깨소금 약간

감자를 따로 아삭아삭하게 볶고 나머지 재료도 각각 볶은 다음에 재료를 섞어야 맛과 모양이 살아요.

만들기

1.
감자는 껍질을 벗겨 곱게 채 썰어 찬물에 담가 녹말을 완전히 없앤 다음 물기를 뺀다. 피망, 홍피망, 양파는 채 썬다.

2.
쇠고기는 우둔이나 불고깃감으로 준비하여 곱게 채 썰어 분량의 양념 재료에 5분 정도 재운다.

3.
팬을 달구어 식용유를 두르고 채 썬 감자와 다진 마늘을 넣어 센 불에서 볶다가 감자가 부드럽게 익으면 소금으로 간하여 식힌다.

4.
쇠고기, 피망, 홍피망, 양파는 각각 볶아 소금 간하여 식힌다. 준비한 재료를 볼에 담고 참기름과 후춧가루를 적당량씩 넣어 살살 버무린 다음 통깨를 뿌린다.

우리 감자로
외국 요리처럼

베이컨 감자말이꽃

요리 시간
30분

재료(2인분)
· 감자 2개
· 올리브오일 2
· 마늘가루 0.5
· 로즈메리 약간
· 소금·후춧가루 약간씩
· 베이컨 8줄
· 식용유 약간
· 파르메산 치즈가루 약간

대체 식재료
로즈메리 ▶ 바질

우리 감자는 수분이 많아
구우면 약간 눅눅하지만
베이컨의 짭짤한 맛과
잘 어울려요.

만들기

1.
감자는 씻어서 껍질째 얇게 썰어 올리브오일, 마늘가루, 로즈메리, 소금, 후춧가루를 뿌려서 섞는다.

2.
도마에 베이컨 두 줄을 겹치게 얹고 감자를 겹치면서 얹어 돌돌 만다.

3.
머핀 틀에 기름칠을 하고 말아 놓은 감자를 얹는다.

4.
200℃의 오븐에서 15분 동안 구워 색이 나면 쿠킹 포일을 덮고 10분 정도 더 구워 파르메산 치즈가루를 골고루 뿌린다.

비타민 C가 풍부한
감자 요리

아코디언 감자구이

요리 시간
40분

재료(2인분)
· 감자(중간 것) 2개
· 베이컨 1줄
· 버터 1
· 올리브오일 1
· 다진 마늘 1
· 소금 약간
· 파르메산 치즈가루 적당량

감자의 끝이 잘라지지
않도록 감자 양쪽에
나무젓가락을 놓고 칼집을
넣으면 끝이 잘리지 않아요.

만들기

1.
감자는 껍질째 깨끗이 씻어 아래 0.5cm 정도를 남기고 촘촘하게 칼집을 넣고 베이컨은 다진다.

2.
버터를 녹여 올리브오일, 다진 마늘, 소금 약간을 넣어 섞는다.

3.
감자 사이사이에 ②를 골고루 뿌린 다음 다진 베이컨을 뿌린다.

4.
200℃로 예열한 오븐에서 25~30분 정도 구워 파르메산 치즈가루를 뿌린다.

귀찮지만
튀김은 먹고 싶어서

감자볼튀김

요리 시간
30분

재료(2인분)
- 감자 2개
- 체다 치즈 2장
- 송송 썬 실파 약간
- 크럼블드 베이컨 1/4컵
- 마늘가루 0.5
- 소금·후춧가루 약간씩
- 달걀 1개
- 빵가루 1컵+1/2컵
- 튀김기름 적당량

대체 식재료
감자 ▶ 고구마 또는 단호박

크럼블드 베이컨이 없다면
베이컨을 노릇노릇하게
구워서 다져 넣으세요.

만들기

1.
감자는 삶아서 껍실을 벗겨 뜨거울 때 으깬다.

2.
체다 치즈는 굵게 다지고 실파는 송송 썬다.

3.
으깬 감자에 크럼블드 베이컨, 체다 치즈, 마늘가루, 실파를 넣어 잘 섞은 다음 소금과 후춧가루로 간을 한다.

4.
감자는 적당한 크기의 볼로 빚어 달걀물과 빵가루를 입혀 180℃의 튀김기름에 노릇노릇하게 튀긴다.

껍질째 먹어야
몸에 좋은

자색 감자전

요리 시간
20분

재료(2인분)
· 자색 감자 1개
· 소금 약간
· 부침가루 2
· 검은깨 1
· 식용유 적당량

대체 식재료
자색 감자 ▶ 감자

자색 감자는 종류에 따라 겉과 속이 모두 자색을 띠기도 하고 겉 부분만 자색을 띠기도 해요. 시력회복에 좋고 콜레스테롤을 억제하는 데 효과적인 안토시아닌 성분이 들어 있어요.

만들기

1.
자색 감자는 껍질째 물에 깨끗하게 씻어서 곱게 채 썬다.

2.
채 썬 감자에 소금을 넣어 조물조물 무쳐 숨이 죽도록 5분 정도 둔다.

3.
감자에 부침가루와 검은깨를 넣어 섞는다.

4.
팬을 달구어 식용유를 두르고 반죽을 한 숟가락씩 떠서 노릇노릇하게 지진다.

아이스크림처럼
사르르 녹는 샐러드

감자 샐러드

요리 시간
20분

재료(2인분)
· 감자 2개
· 오이 1/4개
· 옥수수알(통조림) 2
· 당근 약간
· 소금 약간
· 설탕 0.5
· 마요네즈 4~5

대체 식재료
오이 ▶ 피망

물에 삶는 것 보다는
감자맛이 빠지지 않도록
찜통에 푹 쪄야 더 맛있어요.

만들기

1.
감자는 껍질을 벗기고 큼직하게 썰어서 김이 오른 찜통에서 15분 정도 찐다. 찐 감자는 뜨거울 때 으깬다.

2.
오이는 얇게 썰어 소금을 약간 뿌려 10분 정도 절인 다음 물기를 짠다. 옥수수알은 물기를 빼고 당근은 다진다.

3.
감자가 식으면 설탕을 넣고 마요네즈를 넣어 섞는다.

4.
오이, 옥수수알, 당근을 넣어 가볍게 섞는다.

바람직한
감자와 달걀의 조합

감자 달걀 샐러드 샌드위치

요리 시간
35분

주재료(2인분)
· 감자 1개
· 달걀 2개
· 마요네즈 3~4
· 설탕 0.5
· 소금·후춧가루 약간씩
· 핫도그 빵 2개

감자 양념 재료
· 버터 1
· 소금·후춧가루 약간씩

대체 식재료
핫도그빵 ▶ 모닝빵 또는 식빵

감자에 고구마, 단호박 등을 섞어도 좋아요. 감자는 뜨거울 때 으깨야 곱게 잘 으깨져요.

만들기

1.
감자는 껍질을 벗기고 큼직하게 썬다. 냄비에 감자를 넣고 물을 자작하게 붓고 소금을 약간 넣고 10분 정도 삶는다. 버터를 넣어 섞고 소금과 후춧가루로 간을 한다.

2.
달걀은 끓는 물에 소금을 넣고 13분 정도 삶아서 찬물에 식혀서 껍데기를 까서 굵게 으깬다.

3.
감자와 달걀에 마요네즈, 설탕, 소금, 후춧가루를 넣어 섞는다.

4.
핫도그 빵 위쪽에 칼집을 깊게 넣어 감자 달걀 샐러드를 채워 넣는다.

살아남은
감자의 식감

감자 그라탱

요리 시간
30분(굽는 시간 제외)

재료(4인분)
· 감자(큰 것) 2개
· 소금·후춧가루 약간씩
· 베이컨 3줄
· 슬라이스 햄 6장
· 슬라이스 치즈 6장
· 모차렐라 치즈 1컵
· 생크림 1컵
· 달걀 2개
· 소금·후춧가루 약간씩

대체 식재료
베이컨 ▶ 크럼블드 베이컨

치즈는 고다치즈나 체다 치즈를 이용하세요.

만들기

1.
감자는 껍질을 벗기고 0.2cm 두께로 일정하게 썰어서 소금과 후춧가루로 간을 한다. 베이컨은 곱게 다져서 팬에 볶아서 기름기를 제거한다.

2.
오븐용기에 감자를 깔고 슬라이스 햄과 치즈를 얹고 다시 감자를 깔고 슬라이스 햄과 슬라이스 치즈를 얹는다. 베이컨을 뿌리고 감자를 얹은 다음 모차렐라 치즈를 뿌린다.

3.
생크림에 달걀을 풀어서 소금과 후춧가루로 간을 하여 ②에 골고루 뿌린다.

4.
180℃로 예열한 오븐에서 40분 정도 노릇노릇하게 구워 먹기 좋은 크기로 자른다.

양배추와 애호박 이야기

양배추는 서양에서 온 배추라고 하여 붙여진 이름이에요. 배추와는 다른 특유의 아삭함이 특징으로 볶아도 물이 많이 생기지 않아 여러 가지 요리에 이용해요. 양배추 한 통을 구입한 날은 무조건 양배추쌈을 해 먹어요. 곱게 채 썰어 깻잎과 섞어서 마요 덮밥에 듬뿍 얹어 먹기도 하고요. 굵게 채 썰어 양파와 함께 각종 볶음에도 사용합니다. 채 썰어 마요네즈와 토마토케첩을 뿌린 추억의 샐러드도 빼놓을 수 없죠. 토마토, 당근 등을 섞어서 푹 끓인 디톡스 수프도 맛있고요.

연둣빛 애호박은 식탁에 달콤함을 주는 채소예요. 동글동글하게 잘라서 전을 부치면 파릇파릇하여 입맛을 돋우고요. 잔치국수, 수제비, 칼국수에 숭덩숭덩 썰어 얹으면 국수의 맛을 더해주지요. 밀가루의 독성을 애호박이 해독한다고 하니 국수 요리에는 꼭 넣으세요. 그리고 새우와 특히 궁합이 잘 맞으니 새우젓으로 간을 하면 더 좋아요.

고르는 법

양배추는 겉잎이 있고 수분이 촉촉해 보이는 것으로 고르세요. 잘려서 포장되어 있다면 절단면이 마르지 않고 누렇게 변하지 않은 것으로 사세요.

애호박은 꼭지가 마르지 않고 곧은 것을 고르는 것이 일반적이지만 못생긴 호박도 맛은 있어요. 또 잘라서 씨가 많다면 도려내고 요리하세요.

보관법

양배추는 꼭지를 잘라내지 않고 그대로 보관하는 것이 좋아요. 애호박은 비닐 포장째 그대로 보관하고 사용하고 남은 것은 밀폐용기에 담아 보관하세요.

채식주의자를 위한
양배추 스테이크?

양파 소스와 양배추구이

요리 시간
30분

재료(2인분)
- 양배추 1/4개
- 양파 1/4개
- 올리브오일 적당량
- 소금·통후추 약간씩
- 버터 40g
- 마늘 0.5
- 씨겨자 2

대체 식재료
버터 ▶ 올리브오일

오븐이 없다면 팬에 올리브오일을 넉넉히 두르고 굽다가 뚜껑을 닫아 익히면 돼요.

만들기

1.
양배추는 세로로 4~5등분하여 오븐팬에 얹는다. 양파는 다진다.

2.
양배추 양쪽에 올리브오일을 바르고 소금과 통후추를 갈아 뿌린다. 230℃로 예열한 오븐에서 10분 정도 굽는다.

3.
팬에 버터를 넣고 다진 양파, 씨겨자, 소금과 통후추를 약간씩 넣고 버터를 완전히 녹여 소스를 만든다. 양배추는 뒤집어서 5분 정도 더 익힌 다음 양파 소스를 끼얹는다.

방울양배추 레몬 피클

요리 시간
15분

주재료(4인분)
· 방울양배추 200g
· 미니 파프리카 5~6개
· 레몬 1/4개

절임물 재료
· 물 1컵
· 식초 3/4컵
· 설탕 1컵
· 소금 2
· 피클링 스파이스 1
· 월계수 잎 1~2장

대체 식재료
방울양배추 ▶ 양배추

채소의 색감을 살리려면 절임물을 식혀서 붓고 아삭한 맛을 더하려면 절임물이 뜨거울 때 부으면 돼요.

만들기

1.
방울양배추는 물에 씻어 건져 물기를 빼고 큰 것은 반으로 자른다.

2.
미니 파프리카는 물에 씻어 물기를 빼고 레몬은 슬라이스 한다.

3.
볼에 준비한 채소를 모두 담는다.

4.
냄비에 분량의 절임물 재료를 모두 넣고 끓여 설탕과 소금이 녹으면 완전히 식혀 채소에 붓는다.

양배추가 빛나는
여름 별미

양배추 물김치

양배추 물김치는 특히 여름에 먹어야 맛있어요.
여름철 물김치에는 밀가루풀이나 찹쌀풀 대신에 감자 삶은 물을 흔히 넣어요.
이 레시피도 감자를 사용하여 담그는 맛깔스러운 물김치예요.
김치는 무조건 어렵고 번거롭다고 생각해서
잘 하지 않게 된다고들 하지만 이 방법은 참 쉬워요.

요리 시간
35분

주재료(10인분)
· 양배추 1/4통
· 오이 1개
· 무(4cm 길이) 1토막
· 실파 4뿌리
· 미나리 4줄기
· 소금 약간

채소 절임 재료
· 멸치액젓 1/4컵
· 설탕 2
· 소금 3

김치 국물 재료
· 감자 1개
· 물 12컵
· 홍고추 5개
· 양파 1/4개
· 고춧가루 3

대체 식재료
멸치액젓 ▶ 까나리액젓

만들기

1.
양배추, 오이, 무는 씻어 먹기 좋은 크기로 썰어 분량의 채소 절임 재료에 10분 정도 절인다.

채소는 중간에 한번 뒤적이면서 골고루 절이세요.

2.
실파와 미나리는 양배추 크기로 썬다.

3.
김치 국물을 만든다. 감자는 껍질을 벗기고 냄비에 물 12컵과 함께 넣어 10~15분 정도 푹 끓여 식힌다.

4.
홍고추와 양파는 적당한 크기로 잘라 감자 삶은 물 1컵과 함께 믹서에 넣어 곱게 간다.

5.
④에 고춧가루를 넣어 섞은 다음 면포에 담아서 남은 감자 국물에 넣어 빨간 물을 뺀다.

6.
양배추, 오이, 무에 실파와 미나리를 넣어 섞은 다음 김치 국물을 넣어 잘 버무리고 소금으로 간을 한다.

양배추말이

요리 시간
30분

재료(1인분)
· 양배추 100g
· 달걀 1개
· 부침가루 100g
· 물 1/2컵
· 피자 치즈 1/2컵
· 식용유 적당량
· 돈가스 소스 적당량
· 마요네즈 적당량
· 가다랑어포(가츠오부시) 약간

대체 식재료
부침가루 ▶ 밀가루

양배추는 채칼 중에 슬라이서로 썰면 일정한 두께로 쉽게 썰 수 있어요.

만들기

1.
양배추는 곱게 채 썰어 전자레인지에서 2분 정도 익힌다.

2.
볼에 달걀을 깨어 넣고 부침가루와 물 1/2컵을 넣어 잘 푼다.

3.
달걀 반죽에 양배추를 넣어 잘 섞은 다음 팬에 식용유를 두르고 얇게 펴서 앞뒤로 익힌다.

4.
피자 치즈를 골고루 뿌려 익혀 나무젓가락으로 돌돌 만다. 돈가스 소스와 마요네즈를 골고루 뿌리고 가다랑어포를 뿌린다.

오늘은 새우 넣고
달달 볶아 반찬으로

양배추 새우볶음

요리 시간
25분

재료(2인분)
· 양배추 2장
· 양파 1/4개
· 피망 1/4개
· 새우 80g
· 다진 마늘 1
· 굴소스 0.5
· 소금·후춧가루 약간씩
· 식용유 적당량

대체 식재료
새우 ▶ 오징어

양배추는 수분이 적어서 볶아도 쉽게 물이 생기지 않아요. 또 채소는 센 불에서 볶아야 더 아삭해요.

만들기

1.
양배추, 양파, 피망은 채 썬다. 새우는 씻어 건진다.

2.
팬에 식용유를 두르고 다진 마늘을 넣어 볶다가 양배추와 양파를 넣어 센 불에 2분 정도 볶는다.

3.
새우를 넣어 중간 불에 2분 정도 볶아 굴소스를 넣는다.

4.
피망을 넣어 살짝 볶은 다음 소금과 후춧가루로 간을 한다.

참치 애호박 고추장찌개

요리 시간
30분

재료(2인분)
· 애호박 1개
· 감자 1개
· 양파 1/4개
· 대파 1/6대
· 참치(통조림) 1통
· 고춧가루 1
· 물 3컵
· 고추장 2
· 참치한스푼 1
· 다진 마늘 1
· 소금·후춧가루 약간씩

대체 식재료
· 참치 ▶
고등어 또는 꽁치 통조림
· 참치한스푼 ▶ 국간장

만들기

1.
애호박, 감자, 양파는 큼직하게 썰고 대파는 2cm 길이로 썬다.

2.
냄비에 통조림의 참치 기름을 넣고 감자, 양파, 고춧가루를 넣어 은근한 불에 2분 정도 볶는다.

3.
물 3컵을 넣고 끓여 국물이 끓으면 참치와 애호박을 넣어 5분 정도 끓인다.

4.
고추장과 참치한스푼을 넣어 10분 정도 더 끓여 다진 마늘과 대파를 넣고 소금과 후춧가루로 간을 한다.

시원한 국물로
잃었던 입맛 살리기

애호박 새우젓찌개

요리 시간
20분

주재료(2인분)
· 애호박 1/2개
· 양파 1/6개
· 대파 1/4대
· 풋고추 1/2개
· 순두부 1모
· 다진 마늘 1
· 새우젓 1
· 고춧가루 0.5
· 소금·후춧가루 약간씩

국물 재료
· 물 2컵
· 멸치(국물용) 6마리

대체 식재료
순두부 ▶ 연두부 또는 두부

만들기

1.
애호박은 숭덩숭덩 썰고 양파는 채 썰고 대파와 풋고추는 송송 썬다.

2.
냄비에 물 2컵과 멸치를 넣어 센 불에 5분 정도 끓여 불을 끄고 5분 정도 두었다가 멸치를 건져낸다.

3.
멸치 국물을 끓여 끓으면 애호박과 양파를 넣고 5분 정도 끓인 다음 순두부를 숟가락으로 떠 넣는다.

4.
대파, 풋고추, 다진 마늘을 넣고 새우젓으로 간을 한 다음 고춧가루, 소금, 후춧가루를 넣는다.

숭덩숭덩 썰어서
달달 볶은 반찬

옛날식 애호박볶음

요리 시간
20분

재료(2인분)
· 애호박 1개
· 들기름 1
· 다진 마늘 1
· 물 1/4컵
· 새우젓 1
· 고춧가루 0.5
· 소금 약간
· 깨소금 1

애호박이나 연근, 고구마처럼
단맛이 있는 채소는 간을 약하게
해야 더 달게 느껴져요.
애호박볶음의 간은 소금이나
새우젓으로 삼삼하게 하세요.

만들기

1.
애호박은 반으로 갈라 큼직하게 썬다.

2.
팬에 들기름을 두르고 다진 마늘을 넣어 볶다가 마늘향이 나면 애호박을 넣고 중간 불에 2분 정도 볶는다.

3.
물 1/4컵과 새우젓을 넣어 뚜껑을 덮은 다음 중간 불에 5분 정도 익힌다.

4.
애호박이 무르게 익으면 고춧가루를 넣고 소금 간을 한 다음 깨소금을 뿌린다.

애호박 북어죽

요리 시간
45분

재료(2인분)
- 쌀 1/2컵
- 애호박 1/6개
- 북어포 30g
- 실파 약간
- 참기름 2
- 물 4컵
- 국간장 1
- 소금 약간
- 깨소금 약간

대체 식재료
쌀 ▶ 찹쌀

죽은 은근한 불에서 쌀이 푹 퍼지게 끓여야 부드럽고 고소한 맛이 나요. 또 버섯을 넣어도 좋아요.

만들기

1.
쌀은 씻어서 물에 20분 정도 불린다.

2.
애호박은 굵게 다지고 북어포는 잘게 찢어 찬물에 5분 정도 담갔다가 건지고 실파는 송송 썬다.

3.
냄비에 참기름을 두르고 쌀과 북어포를 중간 불에서 볶다가 쌀알이 투명해지면 물 2컵을 넣어 끓인다. 끓으면 물 2컵을 더 넣고 센 불로 끓여 끓어오르면 은근한 불로 줄인다.

4.
중간중간 저어가며 20분 정도 더 끓여 애호박과 국간장을 넣고 끓인다. 애호박이 익으면 실파를 넣고 소금으로 간을 한 다음 깨소금을 뿌린다.

오이와 부추 이야기

오이는 향기로 청량감을 더해줍니다. 그래서 음식으로뿐 아니라 미용 제품으로도 많이 이용되죠. 수분과 칼륨이 많아 갈증을 해소해 주고 체내 노폐물을 배출시켜요. 비타민 C는 피부 건강과 피로 회복에 도움이 됩니다. 가시가 있는 싱싱한 오이는 잘라서 고추장에 찍어 먹고 무침, 볶음으로 먹어요. 또 여름철에는 시원한 냉국이나 오이 김치로 이용해요.

부추는 채소계의 스태미나의 왕입니다. 그 생명력이 얼마나 강한지 베어 먹고 며칠이 지나면 또 올라와 있어요. 보양식에 꼭 들어가는 채소인 부추는 손질을 잘못하면 풋내가 나서 맛이 없어요. 싱싱할 때 손질하여 국, 찌개, 탕에 넣고 무침, 볶음, 전, 만두소에도 넣으세요.

고르는 법

오이는 꽃이 붙어 있고 겉에 가시가 있는 것이 싱싱해요. 상처가 나지 않고 수분이 있는 것으로 고르세요. 오이지나 김치는 백오이, 볶음이나 김밥, 냉면에는 청오이가 적당해요.

부추는 누런 잎이 없고 뿌리가 짓무르지 않은 싱싱한 것을 고르세요.

보관법

오이는 비닐봉지에 넣어 보관하세요. 부추는 쉽게 상하는 채소로 씻거나 물이 닿으면 더 잘 상해요. 씻은 후에는 바로 사용하는 게 좋고요. 보관하려면 신문이나 키친타월에 싸서 비닐봉지에 넣어 냉장실에 보관하세요.

오이롤

요리 시간
20분

주재료(2인분)
- 오이 1
- 노랑·빨강 파프리카 1/2개씩
- 겨자잎 5장

소스 재료
- 연겨자 1
- 설탕 0.5
- 식초 1
- 간장 0.5
- 물엿 0.5

대체 식재료
오이 ▶ 쌈무 또는 깻잎

샐러드처럼 먹어도 좋고
손님 초대상에 내놓아도 좋아요.
또 기름진 음식을 많이 먹는 명절에
곁들이면 좋은 건강식이에요.

만들기

1.
오이는 반으로 잘라 필러로 얇게 썬다.

2.
노랑 파프리카와 빨강 파프리카는 채 썰고 겨자잎은 먹기 좋게 손으로 찢는다.

3.
오이에 노랑 파프리카, 빨강 파프리카, 겨자잎을 얹어 돌돌 만다.

4.
분량의 소스 재료를 섞어 곁들인다.

채소계의 장어,
스태미나 부추 반찬

오이 부추무침

요리 시간
10분

주재료(2인분)
· 오이 1/2개
· 소금 약간
· 부추 1줌

양념 재료
· 까나리액젓 1
· 식초 1.5
· 설탕 1
· 고춧가루 1
· 통깨·소금 약간씩

대체 식재료
부추 ▶ 달래

만들기

오이에 씨가 있다면 빼내세요.

1. 오이는 껍질째 소금에 문질러 씻어 반으로 자른 다음 3cm 길이로 잘라 굵게 썬다.

2. 부추는 다듬어 3~4cm 길이로 썬다.

3. 분량의 양념 재료를 골고루 섞는다.

4. 볼에 오이와 부추를 담고 양념을 넣어 무친다.

오이생채의
새 짝꿍

세발나물 오이생채

요리 시간
20분

재료(2인분)
· 세발나물 1줌(70g)
· 오이 1/2개
· 고춧가루 1
· 식초 2
· 설탕 1.5
· 까나리액젓 2
· 소금·통깨 약간씩

세발나물은 신안과 진도 등지의 갯벌에서 염분을 먹고 자라는 갯나물이에요. 간간한 양념에도 쉽게 숨이 죽지 않아 무침 요리와 잘 어울려요.

만들기

1.
세발나물은 물에 씻어 건지고 오이는 3cm 길이로 잘라 납작하게 썬다.

2.
오이에 고춧가루, 식초, 설탕, 까나리액젓을 넣어 조물조물 무친다.

3.
세발나물을 넣어 버무린다.

4.
소금으로 간을 하고 통깨를 뿌린다.

단촐하게 오이와
조물조물

미나리 오이초무침

요리 시간
15분

주재료(2인분)
· 미나리 50g
· 오이 1/2개
· 소금 약간
· 통깨 약간

양념 재료
· 고추장 1
· 고춧가루 0.5
· 설탕 0.5
· 매실청 1
· 식초 1.5

대체 식재료
미나리 ▶ 셀러리

미나리는 더운 바람이
불기 시작하면 억세지면서
맛도 향도 줄어들었다가
찬 바람이 불기 시작하는
가을이면 다시 맛있어져요.

만들기

1.
미나리는 잎을 다듬어 찬 물에 여러 번 씻은 다음 4cm 길이로 썬다.

2.
오이는 소금에 문질러 씻어 반으로 잘라 어슷하게 썬다.

3.
분량의 양념 재료를 골고루 섞는다.

4.
미나리와 오이에 양념을 넣어 조물조물 무친 다음 통깨를 넣는다.

단맛과 아삭함을 더한
비밀 레시피

오이 미역냉국

요리 시간
25분

주재료(2인분)
· 오이 1/4개
· 사과 1/4개
· 불린 미역 80g
· 물 3컵
· 설탕·식초·소금 적당량씩

미역 양념 재료
· 국간장 1
· 설탕 1.5
· 식초 3
· 고춧가루 0.3
· 송송 썬 실파 1
· 깨소금 1

대체 식재료
사과 ▶ 배

만들기

1.
오이와 사과는 가늘게 채 썬다. 불린 미역은 먹기 좋은 크기로 썬다.

2.
끓는 물에 불린 미역을 넣고 1분 정도 데쳐서 찬물에 헹구어 물기를 뺀다.

3.
미역에 분량의 양념 재료를 모두 넣어 조물조물 무친 다음 오이를 넣어 무친다. 5분 정도 두었다가 사과를 넣는다.

4.
물 3컵을 붓고 설탕, 식초, 소금으로 간을 한다.

오이 비트 소박이

오이가 흔한 여름이면 오이소박이를 넉넉히 담가서 매일 밥상에 올려요.
그런데 오이가 비쌀 때는 조금씩 담가요. 맛이 들려고 할 때면 이미 김치통이 비어 있어요.
이번 주말에는 오이 5개만 소박이를 담가 보세요. 여기에 비트를 넣어
물이 약간 있게 담그면 오이 김치도 먹고 국물에 국수를 말아 먹을 수 있어요.

요리 시간
40분(절이는 시간 제외)

주재료(8인분)
· 오이 5개

오이 절임물 재료
· 물 2컵
· 굵은소금 1/3컵

소 재료
· 무(2cm 길이) 1토막
· 비트 40g
· 소금 1
· 풋고추·홍고추 1/2개씩
· 실파 4뿌리
· 다진 마늘 1
· 다진 생강 약간

국물 재료
· 물 4컵
· 소금 2~3
· 설탕 1
· 밀가루풀 2

만들기

1.
오이는 3등분하여 양 끝을 1cm 정도씩 남기고 열십자로 칼집을 넣는다.

2.
오이 절임물 재료인 물 2컵에 굵은소금 1/3컵을 섞어 오이를 담가 1시간 정도 절인다.

3.
무와 비트는 곱게 채 썰어 소금 1에 10분 정도 절인다. 풋고추, 홍고추, 실파는 채 썬다.

4.
절인 무에 풋고추, 홍고추, 실파, 다진 마늘, 다진 생강을 넣어 버무린다.

5.
절인 오이는 물에 씻어 소쿠리나 체에 밭쳐 물기를 빼고 소 재료를 골고루 채워 통에 담는다. 분량의 국물 재료를 섞어서 오이소박이에 붓는다.

오이를 절일 때 골고루 절여지도록 중간에 오이의 위치를 바꿔주세요. 또 하루 정도 실온에 두었다가 냉장고에 넣으면 2~3일 정도 지나 먹을 수 있어요.

강판에 쓱쓱 갈아서
맛의 신세계

연근 부추전

요리 시간
25분

재료(2인분)
· 연근 1개(300g)
· 부추 1/2줌(30g)
· 녹말가루 1~2
· 소금 약간
· 식용유 적당량

부드럽고 쫄깃한 맛을 원하면 강판으로 갈고 기운이 딸리는 분은 커터에 갈아서 부치세요.

만들기

1.
연근은 껍질을 벗기고 강판에 갈거나 커터에 곱게 간다. 부추는 다듬어 물에 씻어 짧게 썬다.

2.
연근에 녹말가루를 넣어 농도를 맞추고 소금으로 간을 한다.

3.
부추를 넣어 가볍게 섞는다.

4.
팬을 달구어 식용유를 두르고 반죽을 한 숟가락씩 떠서 앞뒤로 노릇하게 지진다.

부추 조개전

요리 시간
30분

재료(2인분)
- 부추 1줌
- 청양고추 2개
- 조갯살 1/2컵
- 부침가루 1/2컵
- 물 1/2컵
- 간장 1
- 식용유 적당량

만들기

1.
부추는 다듬어 씻어 3cm 길이로 썰고 청양고추는 송송 썬다.

2.
조갯살은 옅은 소금물에 잘 씻어 다진다.

3.
볼에 부침가루와 물 1/2컵을 넣어 잘 푼 다음 부추, 청양고추, 조갯살을 넣어 골고루 섞는다.

4.
팬을 달구어 식용유를 두르고 반죽을 떠 넣어 앞뒤로 노릇하게 지진다.

냉장고 속 부추와
들깻가루를 꺼내어

부추 들깨탕

요리 시간
30분

주재료(2인분)
· 마른 표고버섯 2장
· 양송이버섯 2개
· 부추 1줌
· 풋고추·홍고추 1/2개씩
· 들기름 1.5
· 물 2컵
· 다진 마늘 0.5
· 들깻가루 1/2컵
· 소금·후춧가루 약간씩

들깨 국물 재료
· 들깨 1컵
· 물 1컵+1/2컵

만들기

1.
마른 표고버섯은 물에 불려 4등분하고 양송이버섯도 4등분한다. 부추는 씻어 먹기 좋게 썰고 풋고추와 홍고추는 송송 썬다.

2.
냄비에 들기름을 넣고 표고버섯을 넣어 중간 불에 1분 정도 볶다가 양송이버섯을 넣어 1분 정도 볶는다. 물 2컵을 넣어 끓인다.

3.
국물이 끓으면 다진 마늘과 들깻가루를 넣어 중간 불에 2분 정도 끓인다.

4.
한소끔 끓으면 부추, 풋고추, 홍고추를 넣어 1분 정도 살짝 끓여 소금과 후춧가루로 간을 한다.

바지락 부추탕

요리 시간
20분

재료(2인분)
· 바지락 1봉
· 소금 적당량
· 물 2컵
· 부추 1/2줌
· 두부 1/2모
· 청주 1
· 새우젓 약간

대체 식재료
청주 ▶ 맛술

만들기

1.
바지락은 옅은 소금물에 담가 해감하여 깨끗이 씻는다. 냄비에 바지락과 물 2컵 넣고 끓여 끓으면 바지락을 넣는다.

2.
부추는 다듬어 씻어 2cm 크기로 썰고 두부는 납작하게 썬다.

3.
바지락이 벌어지고 국물이 뽀얘지면 거품을 건져 내면서 중간 불로 3분 정도 끓이다가 청주를 넣는다.

4.
두부를 넣어 1분 정도 끓인 다음 부추를 넣고 새우젓으로 간을 한다.

버섯과 두부 이야기

재배하기 시작하면서 일 년 내내 질감과 맛이 다른 다양한 버섯을 먹을 수 있어요. 버섯 그대로 맛보는 볶음이나 구이, 다른 재료와 어우러져 만드는 다양한 요리까지 버섯 레시피는 정말 다양해요.
모두부, 판두부, 순두부, 연두부…. 콩을 갈아 두유를 만들어 간수를 넣고 한번 저은 것에 압력을 가한 다음 수분을 짜서 만든 형태에 따라서 두부의 이름이 결정되지요. 이 중 연두부는 이름처럼 수분이 가득하니 부드럽다는 뜻이에요. 따끈하게 데워서 양념장을 끼얹어 먹어요.

고르는 법

재배 버섯은 마르지 않고 싱싱한 것으로 사세요. 버섯은 물에 담가 두었다가 씻으면 물이 흡수되면서 맛과 향이 빠질 수 있으니 물에 버섯을 넣어 흔들어 씻어 바로 건지세요.

보관법

버섯은 부스러지기 쉬우니 밀폐용기에 담아서 물에 씻지 않고 냉장 보관하세요. 두부는 포장된 상태로 보관하고 사용하다 남은 두부는 소금을 약간 넣은 물에 두부가 잠기도록 하여 냉장 보관하세요.

맛의 비밀은
깻잎 페스토

깻잎 페스토와 버섯구이무침

요리 시간
25분

주재료(2인분)
· 여러 가지 버섯 200g
· 피망 1/4개
· 식용유 적당량
· 깻잎 페스토 2~3

깻잎 페스토 재료
· 깻잎 60g
· 파르메산 치즈가루 80g
· 잣 30g
· 마늘 1쪽
· 올리브오일 150g
· 소금 0.3

*남은 깻잎 페스토는 냉장 보관했다가 사용하세요.

버섯은 표고버섯, 새송이버섯, 만가닥버섯 등으로 준비하세요. 또 올리브오일을 넉넉하게 넣은 깻잎 페스토라 기름기가 적은 닭 가슴살이나 돼지고기 안심, 등심과 잘 어울려요.

만들기

1.
깻잎 페스토를 만든다. 깻잎은 씻어 물기를 제거하고 적당한 크기로 자른다. 믹서에 깻잎과 나머지 재료를 넣어 곱게 간다.

2.
여러 가지 버섯과 피망은 먹기 좋게 썬다.

3.
팬을 달구어 식용유를 두르고 모둠 버섯을 센 불에 4~5분 정도 노릇노릇하게 굽다가 피망을 넣어 중간 불에 1분 정도 볶는다.

4.
여러 가지 버섯과 피망에 깻잎 페스토를 넣어 버무린다.

갈릭 버섯 파스타

요리 시간
25분

주재료(1인분)
- 스파게티 1줌(90g)
- 양송이버섯 1개
- 애느타리버섯 1/2줌
- 표고버섯 1개
- 마늘 4쪽
- 아보카도 오일 1/4컵
- 마른 고추 2개
- 소금·후춧가루 약간씩

스파게티 삶는 물 재료
- 물 1ℓ
- 소금 2

대체 식재료
아보카도 오일 ▶ 올리브오일

파스타 삶은 물은 1컵 정도 따로 담아두세요.
또 스파게티 대신 밥을 넣으면 볶음밥으로 먹을 수 있어요.

만들기

1.
냄비에 물 1ℓ와 소금 2를 넣고 끓여 끓으면 스파게티를 넣어 8분 정도 삶는다.

2.
양송이버섯, 애느타리버섯, 표고버섯은 먹기 좋은 크기로 썰고 마늘은 편으로 썬다.

3.
팬에 아보카도 오일을 절반만 넣고 마늘과 마른 고추를 넣어 1분 정도 중간 불에 볶는다. 버섯을 넣어 2분 정도 센 불에서 볶는다.

4.
소금과 후춧가루로 간을 하고 파스타 삶은 물을 1/4컵 정도 넣어 끓인다. 스파게티를 넣어 잘 섞고 소금과 후춧가루로 간을 하고 남은 아보카도 오일을 뿌린다.

김치 버섯전골

요리 시간
20분

주재료(2인분)
· 배추김치 300g
· 느타리버섯 1/2팩
· 만가닥버섯 1/2팩
· 표고버섯 3개
· 두부 1/4모
· 양파 1/4개
· 대파 1/2대
· 풋고추·홍고추 1/2개씩
· 다시마 국물 3컵
· 김치 국물 1/2컵
· 소금·후춧가루 약간씩

양념 재료
· 고춧가루 2
· 국간장 1
· 다진 마늘 1
· 맛술 1
· 후춧가루 약간

대체 식재료
맛술 ▶ 청주

만들기

1.
배추김치는 먹기 좋은 크기로 썬다. 느타리버섯, 만가닥버섯은 가닥가닥 떼고 표고버섯은 채 썬다.

2.
두부는 큼직하게 썬다. 양파는 굵게 채 썰고 대파, 풋고추, 홍고추는 어슷하게 썬다.

3.
전골냄비에 준비한 재료를 가지런히 담는다.

4.
분량의 양념 재료를 섞어 전골냄비 가운데에 얹는다. 다시마 국물과 김치 국물을 부어 센 불로 10분 정도 끓이다가 소금과 후춧가루로 간을 한다.

들깨 버섯전골

요리 시간
30분

재료(2인분)
- 표고버섯 4개
- 새송이버섯 1개
- 느타리버섯 1/2팩
- 대파 1/2대
- 풋고추·홍고추 1/2개씩
- 새우 8마리
- 바지락 1봉
- 물 2컵
- 들깻가루 2
- 소금 약간

새우의 내장은 등 쪽에 이쑤시개를 찔러 넣어 빼내요.

만들기

1.
표고버섯은 밑동을 떼어내어 모양대로 썰고 새송이버섯은 적당한 크기로 썰고 느타리버섯은 가닥가닥 떼어낸다. 대파, 풋고추, 홍고추는 어슷하게 썬다.

2.
새우는 내장을 제거하여 깨끗하게 손질하고 바지락은 엷은 소금물에 담가 해감한다.

3.
준비한 재료를 냄비에 돌려 담고 물 2컵을 넣어 센 불로 끓인다.

4.
재료가 어느 정도 익으면 대파, 청고추, 홍고추, 들깻가루를 넣어 잘 풀고 소금으로 간하여 한소끔 더 끓인다.

감칠맛 나는 양념으로
맛을 낸 반찬

애호박 느타리버섯볶음

요리 시간
10분

재료(2인분)
- 애호박 1/3개
- 느타리버섯 1줌
- 꽈리고추 10개
- 참치한스푼 1.5
- 식용유 적당량
- 소금·후춧가루 약간씩
- 깨소금 1

대체 식재료
- 느타리버섯 ▶ 표고버섯
- 참치한스푼 ▶ 새우젓

호박 요리는 새우젓과
잘 어울리니 참치한스푼 대신
새우젓으로 간을 해도 좋아요.

만들기

1.
애호박은 반으로 잘라 납작하게 반달로 썬다.

2.
느타리버섯은 손으로 찢고 꽈리고추는 꼭지를 떼어내고 큰 것은 반으로 썬다.

3.
팬에 식용유를 두르고 애호박과 느타리버섯을 넣어 중간 불에 2분 정도 볶는다.

4.
꽈리고추를 넣어 1분 정도 볶다가 참치한스푼, 소금, 후춧가루로 간을 하고 깨소금을 뿌린다.

메추리알 버섯조림

요리 시간
30분

주재료(2인분)
· 삶은 메추리알 20개
· 미니 새송이버섯 10개
· 꽈리고추 4개
· 참기름 약간

조림장 재료
· 간장 1/4컵
· 맛술 2
· 물엿 2
· 설탕 1
· 물 1/4컵

대체 식재료
꽈리고추 ▶ 마늘종

버섯은 물이 많이 생기니 너무 오래 끓이지 마세요.

만들기

1.
삶은 메추리알과 미니 새송이버섯은 그대로 준비하고 꽈리고추는 꼭지를 떼어낸다.

2.
냄비에 분량의 조림장 재료를 모두 넣고 끓인다.

3.
조림장이 끓으면 삶은 메추리알과 미니 새송이버섯을 넣어 센 불에 끓인다. 국물이 끓으면 은근한 불로 줄이고 양념이 골고루 배도록 뒤적이며 조린다.

4.
10분 정도 지나 국물이 자작하게 졸아들면 꽈리고추를 넣어 1분 정도 조린 다음 참기름을 넣는다.

두부 콩국수

요리 시간
40분(콩 불리는 시간 제외)

재료(2인분)
- 흰콩 1컵
- 물 1컵+2컵
- 누들 두부 2팩
- 오이 1/4개
- 소금 약간
- 얼음 적당량

대체 식재료
누들 두부 ▶
우무, 곤약, 소면, 칼국수

누들 두부는 두부를 얇게 썰어서 면 모양으로 만든 제품이에요.

만들기

1.
흰콩은 벌레 먹은 것은 골라내고 물에 4시간 정도 불린다. 냄비에 콩을 넣고 물을 넉넉히 부어 비린내가 나지 않을 정도로 3~4분 정도 삶는다.

2.
믹서에 삶은 콩과 물 1컵을 함께 넣어 곱게 간 후 물 2컵과 섞어 냉장고에 넣어 차갑게 둔다.

3.
누들 두부는 체에 밭쳐 물기를 빼고 오이는 채 썬다.

4.
그릇에 누들 두부를 담고 차가운 콩물을 붓는다. 오이를 얹고 얼음을 동동 띄운 다음 소금을 곁들인다.

두부 버섯탕

요리 시간
15분

재료(2인분)
· 두부 1/2모(150g)
· 백만송이버섯 1줌
· 실파 3뿌리
· 물 2컵
· 다시마(10×10cm) 1장
· 국간장 2
· 소금·후춧가루 약간씩

대체 식재료
국간장 ▶ 참치한스푼

만들기

1.
두부는 먹기 좋은 크기로 썰고 백만송이버섯은 가닥가닥 떼어 놓고 실파는 2cm 길이로 썬다.

2.
냄비에 물 2컵과 다시마를 넣고 끓여 국물이 끓으면 불을 끄고 10분 정도 두었다가 다시마를 건져 채 썬다.

3.
다시마 국물을 끓여 끓으면 두부와 버섯을 넣고 중간 불에 2분 정도 끓인다.

4.
국간장으로 간을 하고 실파, 소금, 후춧가루를 넣는다.

명란 순두부찌개

요리 시간
25분

재료(2인분)
· 무(2cm 길이) 1토막
· 풋고추 1
· 대파 1/6대
· 명란젓 50g
· 물 2컵
· 순두부 1봉
· 새우젓 약간
· 다진 마늘 0.3
· 소금·후춧가루 약간씩

대체 식재료
순두부 ▶ 연두부

만들기

1.
무는 납작하게 썰고 풋고추와 대파는 송송 썬다. 명란젓은 큼직하게 썬다.

2.
냄비에 물 2컵과 무를 넣어 센 불에 5분 정도 끓인다.

3.
무가 익으면 명란젓과 순두부를 넣어 중간 불에 5분 정도 끓인다.

4.
새우젓으로 간을 하고 풋고추, 대파, 다진 마늘을 넣고 한소끔 끓인 다음 소금과 후춧가루로 간을 한다.

매운 두부조림

요리 시간
30분

주재료(2인분)
· 대파 1대
· 마른 고추 1개
· 식용유 1.5
· 다진 생강 약간
· 청주 1
· 간장 0.5
· 다진 돼지고기 100g
· 물 1컵
· 연두부 1팩
· 녹말물(물 3+녹말가루 1)
· 후춧가루 약간
· 참기름 약간

양념 재료
· 두반장 1
· 된장 1
· 고춧가루·물엿 0.5씩
· 다진 마늘 0.3

만들기

1.
대파와 마른 고추는 굵게 다진다.

2.
팬에 식용유를 두르고 마른 고추와 다진 생강을 볶다가 청주와 간장을 넣어 볶는다.

3.
다진 돼지고기를 넣어 중간 불에 2분 정도 볶다가 물 1컵을 넣고 2~3분 정도 더 끓여 분량의 양념 재료를 넣는다.

4.
양념이 고루 섞이면 연두부를 넣고 6등분하여 연두부가 뜨거워지면 한소끔 끓이다가 대파를 넣는다. 녹말물을 넣고 후춧가루와 참기름을 넣는다.

땅콩버터 두부볶음

요리 시간
30분

주재료(2인분)
· 두부 1모
· 식용유 적당량
· 껍질콩 4~5줄기
· 땅콩 1/4컵

양념 재료
· 땅콩버터 2
· 물엿 1
· 간장 2
· 버터 1
· 다진 마늘 0.5

대체 식재료
껍질콩 ▶
꽈리고추 또는 마늘종

만들기

1.
두부는 큼직하게 썰어 팬에 식용유를 두르고 중간 불에 노릇노릇하게 지진다.

2.
분량의 양념 재료를 모두 섞는다.

3.
팬에 양념을 넣고 끓여 끓으면 두부를 넣어 가볍게 섞는다.

4.
껍질콩을 넣어 섞고 땅콩을 뿌린다.

마요 쌈장이
유혹하는 두부구이

마요 쌈장 두부구이

요리 시간
20분

주재료(2인분)
· 두부 1/2모
· 소금·후춧가루 약간씩
· 식용유 적당량

마요 쌈장 재료
· 마요네즈 3
· 쌈장 1.5
· 물엿 1
· 참기름 0.5
· 깨소금 0.5

만들기

1.
두부는 도톰하게 썰어 소금과 후춧가루를 뿌려 밑간한다.

2.
분량의 마요 쌈장 재료를 골고루 섞는다.

3.
팬을 달구어 식용유를 두르고 두부를 넣어 중간 불에 앞뒤로 노릇노릇하게 지진다.

4.
접시에 지진 두부를 담고 마요 쌈장을 곁들인다.

옛날식 두부구이

요리 시간
20분

주재료(2인분)
· 두부 1/2모
· 소금 약간
· 들기름 2
· 실파 4~5뿌리

양념 재료
· 간장 2
· 고춧가루 0.3
· 깨소금 1
· 맛술 0.5

대체 식재료
실파 ▶ 달래 또는 부추

두부는 너무 센 불에서 지지면 단단하고 맛이 없어요. 중간 불에 은근하게 지져야 고소하고 부드러워요.

만들기

1.
두부는 1cm 두께로 도톰하게 썰어 소금을 약간 뿌려 5분 정도 둔다.

2.
팬을 달구어 들기름을 두르고 두부를 넣어 중간 불에 앞뒤로 노릇노릇하게 지진다.

3.
실파는 송송 썰고 분량의 양념 재료는 모두 섞는다.

4.
두부에 양념을 끼얹고 실파를 듬뿍 뿌린다.

두부장

요리 시간
20분

주재료(2인분)
- 두부 1모
- 소금 약간
- 식용유 적당량
- 대파 1/2대
- 풋고추 1개
- 마른 고추 2개
- 통깨 1

양념장 재료
- 간장 1/2컵
- 물 1/2컵
- 설탕 1/4컵
- 물엿 1/4컵

대체 식재료
대파 ▶ 실파

만들기

1.
두부는 1cm 두께로 썰어서 소금을 뿌려 5분 정도 두었다가 키친타월로 물기를 제거한다.

2.
팬에 식용유를 두르고 두부를 넣어 중간 불에 앞뒤로 노릇노릇하게 지진다.

3.
대파와 풋고추는 송송 썬다. 분량의 양념장 재료를 골고루 섞는다.

4.
두부에 양념장을 붓고 마른 고추, 대파, 풋고추, 통깨를 넣는다.

고소하게 볶은
두부를 소복이

쌈채소 두부 샐러드

요리 시간
25분

주재료(2인분)
· 쌈채소 1줌
· 두부 1/2모
· 식용유 약간
· 견과류 약간

드레싱 재료
· 올리브오일 2
· 간장 1
· 매실청 1
· 식초 1
· 소금 약간

대체 식재료
매실청 ▶ 식초

만들기

1.
쌈채소는 먹기 좋은 크기로 썬다.

2.
두부는 칼등으로 곱게 으깨어 달군 팬에 식용유를 약간 두르고 두부를 넓게 펴 넣고 그대로 두어 노릇노릇하게 구워 식힌다.

3.
분량의 드레싱 재료를 골고루 섞는다. 그릇에 쌈채소를 담고 볶은 두부와 견과류를 뿌리고 드레싱을 곁들인다.

손두부처럼 단단한 두부를 사용하면 노릇노릇 색도 쉽게 낼 수 있고 맛도 고소해요.

새콤달콤 소스를 뿌린
여름 냉채

연두부 참나물 냉채

요리 시간
15분

주재료(2인분)
· 참나물 30g
· 홍고추 1/4개
· 연두부 1모

양념 재료
· 간장 2
· 식초 2
· 설탕 0.5
· 검은깨 1

대체 식재료
참나물 ▶ 샐러드 채소

양념 재료는 샐러드 드레싱으로 대체해도 좋아요. 오리엔탈 드레싱이나 프렌치 드레싱을 추천해요.

만들기

1.
참나물은 다듬어 씻어 먹기 좋은 크기로 썰고 홍고추는 다진다.

2.
분량의 양념 재료를 골고루 섞은 다음 참나물과 홍고추를 넣어 섞는다.

3.
연두부에 양념을 끼얹는다.

달걀과 콩나물 이야기

완전식품 달걀. 단백질 식품이 귀하던 시절 달걀은 집에서 먹을 수 있는 가장 친근한 단백질 식품이었어요. 냉장고 문을 열면 언제나 있는 달걀은 지금도 완전식품이자 요알못도 요리할 수 있게 하는 말이 필요 없는 재료입니다.

명절이 다가오면 집에서 콩나물을 키워 명절에 콩나물 요리를 해 먹었어요. 시루에 담긴 콩나물은 쑥쑥 크지만 물주기를 게을리하면 잔뿌리가 많이 생기고 가느다랗게 자라기 일쑤고 더운 날씨에는 썩어버리곤 했어요. 콩에서 자란 콩나물은 비타민 C가 특히 풍부하고 아스파라긴산이 많아 숙취 해소 요리의 단골 식재료죠. 국, 찌개, 나물, 밥으로 활약을 펼치니 한 봉지는 늘 냉장고에 준비하세요.

고르는 법

달걀은 껍질이 거칠거칠하고 두꺼운 것이 좋아요. 콩나물은 뿌리가 시들었거나 콩나물 콩이 녹색으로 변한 것은 신선하지 않으니 노란 것으로 사세요.

보관법

달걀은 편평한 쪽이 위로 가도록 냉장 보관하세요. 콩나물은 봉지째 보관하고 사용하고 남은 것은 밀폐용기에 담아 냉장 보관하세요.

잃었던 입맛 회복은
오이 달걀밥으로

오이 달걀초밥

요리 시간
20분

주재료(2인분)
- 밥 2공기
- 오이 1/2개
- 소금 0.3
- 달걀 2개
- 설탕 0.3
- 소금 약간
- 게맛살 2줄
- 검은깨 1
- 식용유 약간

초밥초 양념 재료
- 식초 3
- 설탕 2
- 소금 0.3

초밥용 밥을 지을 때는
다시마 한 조각을 넣으세요.
너무 질게 하지 말고
고슬고슬하게 지어야 맛있어요.

만들기

1.
오이는 모양대로 얇게 슬라이스하고 소금 0.3을 뿌려 절인다. 숨이 죽으면 가볍게 물기를 짠다.

2.
볼에 달걀을 깨어 넣고 설탕과 소금을 넣어 곱게 푼다. 팬에 식용유를 두르고 달구어 달걀물을 넣고 중간 불에 부드럽게 볶는다. 게맛살은 손으로 찢는다.

3.
따끈한 밥에 초밥초 양념 재료를 넣어 재빨리 버무린다.

4.
오이, 달걀, 게맛살을 넣고 섞은 다음 검은깨를 뿌린다.

달걀을 넣어
휘리릭 볶으면 끝

황금색 달걀볶음밥

요리 시간
10분

재료(1인분)
· 양파 1/4개
· 달걀 2개
· 소금·후춧가루 약간씩
· 밥 1공기
· 식용유 약간

뜨거운 밥보다는
찬밥이나 즉석밥이
조리하기 편해요.

만들기

1.
양파는 다지고 달걀은 잘 풀어서 소금과 후춧가루로 간을 한다.

2.
밥에 달걀물을 넣어 잘 섞는다.

3.
팬에 식용유를 두르고 양파를 넣어 중간 불에 2분 정도 볶는다.

4.
밥을 넣어 2분 정도 볶아 소금과 후춧가루로 간을 한다.

두부와 명란을 넣은
단골 달걀찜

반찬가게 달걀찜

요리 시간
20분

재료(3인분)
· 달걀 7개
· 소금 0.5
· 친친소스 0.3
· 물 1컵
· 명란 1덩이
· 실파·당근 약간씩
· 연두부 1/3개
· 검은깨 약간

대체 식재료
친친소스 ▶
까나리액젓 또는 새우젓

만들기

스팀 오븐이 없다면 찜통에서 15분 정도 찌세요..

1.
달걀은 잘 풀어서 소금과 친친소스를 넣어 섞은 다음 물 1컵을 넣어 섞는다.

2.
명란은 작게 썰고 실파와 당근은 다져서 달걀물에 넣어 섞는다.

3.
달걀찜 용기에 연두부와 명란을 넣는다.

4.
달걀물을 부어 스팀 오븐 100℃에서 12분 정도 익혀 검은깨를 뿌린다.

식구들의 배꼽 시계가
마구 울릴 때

연두부 뚝배기 달걀찜

요리 시간
15분

재료(2인분)
· 달걀 4개
· 소금 약간
· 참치한스푼 0.5
· 실파 4뿌리
· 다시마 육수 1컵
· 연두부 1/2모

대체 식재료
· 참치한스푼 ▶ 까나리액젓
· 연두부 ▶ 순두부

다시마 육수는 다시마에
물을 부어 끓기 시작하면
3분 정도 더 끓인 후 불을 끄고
다시마를 건져 내어 만들어요.

만들기

1.
달걀은 소금, 참치한스푼, 송송 썬 실파를 넣어 곱게 푼다.

2.
뚝배기에 다시마 육수를 넣고 끓여 끓으면 달걀물을 넣는다. 숟가락으로 천천히 저으면서 달걀이 엉길 때까지 센 불에 2분 정도 익힌다.

3.
연두부를 넣어 뚜껑을 덮고 약한 불에 2~3분 정도 익힌다.

4.
뚜껑을 덮은 채 3분 정도 뜸을 들인다.

밥반찬으로,
간단한 술안주로

명란 달걀말이

요리 시간
20분

재료(2인분)
· 달걀 4개
· 송송 썬 실파 약간
· 명란젓 2덩이
· 소금·후춧가루 약간씩
· 식용유 적당량

만들기

명란의 짠맛에 따라 양은 조절하세요.

1.
달걀은 잘 풀어서 실파를 넣고 잘 섞은 다음 소금과 후춧가루로 간을 한다.

2.
명란은 반으로 갈라 준비한다.

3.
팬에 식용유를 두르고 달걀을 1/3정도 부어 명란을 얹고 돌돌 만다.

4.
나머지 달걀물을 나누어 부어 가면서 달걀이 완전히 익기 전에 만다.

미역 달걀말이

요리 시간
20분

재료(2인분)
- 불린 미역 30g
- 맛술 1
- 소금 약간
- 달걀 4개
- 소금·후춧가루 약간씩
- 식용유 적당량

만들기

마른 미역 3g 정도를 불리면 30g 정도 돼요.

1.
불린 미역은 물기를 꼭 짜고 송송 썰어 맛술과 소금을 넣어 무친다.

2.
달걀은 곱게 풀어 소금과 후춧가루로 간을 한다.

3.
달걀에 미역을 넣어 잘 섞는다.

4.
팬을 달구어 식용유를 두르고 달걀물을 여러 번에 나누어 부어 가며 돌돌 만다. 한 김 식혀 먹기 좋은 크기로 썬다.

꼬치에 꽂아 핫바처럼
먹어도 좋은 반찬

소시지 달걀말이

요리 시간
20분

재료(2인분)
· 달걀 4개
· 소금·후춧가루 약간씩
· 당근 약간
· 실파 3뿌리
· 소시지 1개
· 식용유 적당량

달걀은 너무 약한 불에서는
익지 않아 비린내가 나고
센 불에서는 너무 익어 색이 나고
단단해져요. 달걀말이는
중간 불에 부쳐요.

만들기

1.
달걀은 잘 풀어 소금과 후춧가루로 간을 한다.

2.
당근과 실파는 송송 썰어 달걀물에 넣어 섞는다.

3.
소시지는 끓는 물에 살짝 데쳐 건진다.

4.
달군 팬에 식용유를 두르고 달구어 달걀물을 약간 붓고 소시지를 얹은 다음 달걀물을 부어 가며 돌돌 말아 도톰하게 썬다.

연근칩 달걀 샐러드

요리 시간
20분

주재료(1인분)
· 삶은 달걀 2개
· 샐러드 채소 1줌
· 올리브 4개
· 연근 1/4개
· 소금 약간
· 튀김기름 적당량

드레싱 재료
· 간장 1
· 맛술 1
· 다진 양파 1

대체 식재료
삶은 달걀 ▶ 구운 달걀

만들기

삶은 달걀은 반으로 잘라서 3등분하세요.

1.
삶은 달걀은 껍데기를 까서 세로로 6등분한다.

2.
샐러드 채소는 찬물에 씻어 체에 밭쳐 물기를 빼고 올리브는 슬라이스한다.

3.
연근은 얇게 썰어서 찬물에 씻어 키친타월에 얹어 물기를 뺀 다음 180℃의 튀김기름에 노릇노릇하게 튀긴다.

4.
접시에 준비한 재료를 담고 드레싱 재료를 섞어서 곁들인다.

달걀 오코노미야키

요리 시간
20분

재료(2인분)
- 달걀 2개
- 양배추 2장
- 베이컨 2장
- 숙주 1줌
- 모차렐라 치즈 1/4컵
- 돈가스 소스 적당량
- 마요네즈 약간
- 실파(또는 파슬리) 약간
- 김가루 약간
- 소금 적당량
- 식용유 적당량

대체 식재료
실파 ▶ 파슬리

만들기

1.
달걀은 잘 풀어서 소금으로 간을 하고 양배추는 곱게 채 썬다.

2.
베이컨은 다지고 숙주는 다듬는다. 팬에 식용유를 두르고 베이컨을 넣어 중간 불에 1분 정도 볶다가 숙주를 넣고 아삭하게 볶아 소금으로 간을 한다.

3.
팬에 달걀물을 넣어 달걀이 완전히 익기 전에 가운데에 볶은 베이컨과 숙주를 얹고 치즈를 약간 얹은 다음 양배추, 치즈 순으로 얹는다.

4.
달걀을 양쪽으로 접고 접힌 면을 팬 쪽으로 가도록 뒤집어 뚜껑을 덮고 치즈가 녹도록 은근한 불에 굽는다. 돈가스 소스, 마요네즈, 실파, 김가루를 뿌린다.

마카로니 달걀 케이크

요리 시간
30분

재료(2인분)
· 마카로니 50g
· 토마토소스 1/3컵
· 실파 3뿌리
· 달걀 4개
· 우유 2
· 소금·후춧가루 약간씩
· 식용유 적당량

오븐 대신 에어프라이어를 사용하거나 전자레인지에 넣어 뚜껑을 덮어 익혀도 돼요.

만들기

1.
마카로니는 끓는 물에 소금을 넣고 5분 정도 삶아 건진 다음 토마토소스를 넣어 버무린다.

2.
실파는 송송 썬다.

3.
달걀에 우유, 실파, 소금, 후춧가루를 넣어 잘 푼다.

4.
오븐용기에 식용유를 골고루 바르고 삶은 마카로니를 담고 달걀물을 부어 200℃의 오븐에 10분 정도 굽는다.

돼지 앞다릿살에
콩나물을 넣고 지글지글

콩나물 돼지불고기

요리 시간
30분

주재료(2인분)
· 돼지고기(불고깃감) 200g
· 콩나물 2줌
· 양파 1/4개
· 대파 1/2대
· 풋고추·홍고추 1/2개씩
· 식용유 약간

양념 재료
· 고추장 2
· 고춧가루 3
· 간장 2
· 다진 마늘 1
· 설탕 1
· 맛술 1
· 후춧가루 약간
· 참기름 약간

돼지고기는 앞다릿살이나 뒷다릿살이 적당해요.

만들기

1.
돼지고기는 불고깃감으로 준비하여 분량의 양념 재료를 섞어 넣고 조물조물 버무려 20분 정도 재운다.

2.
콩나물은 다듬어 깨끗하게 씻어 물기를 뺀다. 양파는 채 썰고, 대파, 풋고추, 홍고추는 어슷하게 썬다.

3.
팬을 달구어 식용유를 살짝 두르고 돼지고기를 넣어 센 불에 2분 정도 볶다가 콩나물을 넣어 볶는다.

4.
콩나물에서 수분이 자작하게 나오면 양파, 대파, 풋고추, 홍고추를 넣어 살짝 볶는다.

콩나물과 파의 향이
조화로운 겉절이

콩나물 파채 겉절이

요리 시간
15분

주재료(2인분)
· 콩나물 100g
· 물 1/2컵
· 소금 약간
· 대파 1대
· 깨소금 1
· 참기름 0.5

양념 재료
· 고추장 1
· 고춧가루 1
· 식초 1.5
· 설탕 1
· 다진 마늘 0.3

만들기

1.
콩나물은 씻어 냄비에 담고 물 1/2컵과 소금을 약간 넣고 뚜껑을 덮어 5분 정도 삶아 차게 식힌다.

2.
대파는 길게 채 썰어 찬물에 10분 정도 담갔다가 건진다.

3.
분량의 양념 재료를 모두 섞는다.

4.
볼에 콩나물과 파채를 넣고 양념을 넣어 버무린 다음 깨소금과 참기름을 넣어 가볍게 버무린다.

콩나물국에
얼갈이 된장국을 더하면

콩나물 얼갈이 된장국

요리 시간
20분

주재료(2인분)
· 콩나물 100g
· 얼갈이배추 1포기
· 대파 1/4대
· 청양고추 1개
· 된장 2
· 다진 마늘 0.5
· 소금·후춧가루 약간씩

멸치 국물 재료
· 물 3컵+1/2컵
· 멸치(국물용) 7~8마리
· 다시마(10×10cm) 1장

대체 식재료
얼갈이배추 ▶ 배추 또는 봄동

만들기

1.
냄비에 물 3컵+ 1/2컵, 멸치, 다시마를 넣고 센 불로 끓인다. 끓기 시작하면 중간 불로 줄여 5분 정도 끓여 멸치와 다시마를 건져 낸다.

2.
콩나물은 물에 씻어 체에 밭쳐 물기를 빼고 얼갈이배추는 잎을 떼어내어 먹기 좋게 썬다. 대파와 청양고추는 송송 썬다

3.
멸치 국물에 된장을 넣어 푼 다음 콩나물과 얼갈이배추를 넣어 뚜껑을 덮고 센 불에 끓인다.

4.
끓기 시작하면 중간 불로 줄여서 7~8분 정도 끓인다. 대파, 청양고추, 다진 마늘을 넣고 2분 정도 끓인 다음 소금과 후춧가루로 간을 한다.

여름에도 겨울에도 찾는
시원한 국밥

콩나물 국밥

요리 시간
30분

재료(2인분)
· 콩나물 1줌(100g)
· 북어채 1줌(10g)
· 무(2cm 길이) 1/2토막
· 청양고추 1개
· 대파 1/2대
· 물 4컵
· 국간장 2
· 소금 약간
· 다진 마늘 0.5
· 밥 1공기+1/2공기

대체 식재료
북어채 ▶ 굴

만들기

1.
콩나물은 다듬어 물에 씻어 건진다. 북어채는 먹기 좋은 크기로 자른다.

2.
무는 나박하게 썰고 청양고추와 대파는 송송 썬다.

3.
냄비에 콩나물, 북어, 무, 물 4컵을 넣어 뚜껑을 덮고 센 불에 8분 정도 끓인다.

4.
국간장과 소금으로 간을 하고 다진 마늘, 청양고추, 대파를 넣어 2분 정도 더 끓인다. 그릇에 따끈한 밥을 넣고 국물로 두세 번 토렴하여 담는다.

어묵과 묵은지 이야기

어묵은 생선을 손질하고 남은 자투리나 인기 없는 잡어를 으깨어 만들었다는 인식 때문에 싸구려 식재료로 여겨졌어요. 그러나 요즘은 좋은 생선 살로 만든 다양한 어묵이 생산되면서 부산어묵이라는 브랜드를 만들어냈어요. 어묵은 쪄서 만들기도 하지만 기름에 튀겨서 만드는 것이 일반적이라 기름진 것이 싫다며 살짝 데쳐서 요리해도 좋아요.

묵은지는 오래된 김장김치라는 뜻으로 보통 6개월 이상 숙성되어 깊은 감칠맛이 나요. 돼지고기, 참치, 꽁치, 두부 등 넣는 재료에 따라 맛이 다른 김치찌개를 만들 수 있어요. 또 콩나물과 어묵을 넣어 끓인 김칫국을 비롯하여 김치밥, 김치죽, 김치찜, 김치볶음밥, 김치전 등 활용 요리는 끝이 없어요. 김치 국물도 여러 요리에 사용하게 되니 버리지 마세요.

고르는 법

어묵은 기름에 튀긴 것으로 유통기한을 꼭 확인하고 구입하고 기한 내에 다 드세요.

보관법

사용하고 남은 어묵은 지퍼백에 넣어 냉동 보관해 두었다가 사용해도 돼요.

오로지 어묵만 넣고
돌돌 만 김밥

어묵 김밥

요리 시간
30분

주재료(2인분)
· 어묵 2장
· 양파 1/4개
· 당근 약간
· 밥 2공기
· 소금·참기름·깨소금 적당량씩
· 식용유 2
· 김밥 김 2장

어묵 양념 재료
· 간장 2
· 고춧가루 0.3
· 맛술 1
· 설탕 1

어묵은 살짝 데쳐서 기름기를 제거하고 요리하면 담백하게 먹을 수 있어요.

만들기

1.
어묵, 양파, 당근은 채 썬다.

2.
밥에 소금, 참기름, 깨소금을 넣어 양념한다.

3.
팬에 식용유를 두르고 달구어 양파와 당근을 넣어 2분 정도 볶다가 어묵을 넣어 2분 정도 더 볶은 다음 양념 재료를 넣어 볶는다.

4.
김발에 김을 얹고 밥을 얹어 골고루 펴고 볶은 어묵을 얹어 돌돌 만다.

어린이 입맛에 어울리는
두 가지 맛 김밥

어소 김밥

요리 시간
15분

주재료(2인분)
· 밥 1공기+1/2공기
· 소금·참기름 적당량씩
· 꼬치어묵 2개
· 소시지(긴 것) 1개
· 김밥 김 2장
· 토마토케첩 적당량

어묵 조림장 재료
· 간장 2
· 맛술 1
· 설탕 0.5
· 물엿 0.3
· 고춧가루 0.3
· 물 2

만들기

1.
밥은 따끈하게 준비하여 소금과 참기름을 넣고 잘 섞는다.

2.
냄비에 어묵 조림장 재료를 모두 넣고 끓여 바글바글 끓으면 꼬치어묵을 넣어 중간 불에 2분 정도 조린다.

3.
소시지는 끓는 물에 30초 정도 데친다.

4.
김에 밥을 얇게 골고루 깔고 꼬치어묵과 소시지를 얹은 다음 소시지에 토마토케첩을 뿌려 돌돌 만다.

어묵 김칫국

요리 시간
30분

재료(2인분)
- 배추김치 1컵
- 어묵 2장
- 대파 1/4대
- 물 4컵
- 다시마(5×5cm) 1장
- 다진 마늘 0.5
- 국간장 1
- 소금·후춧가루 약간씩

대체 식재료
- 어묵 ▶ 콩나물
- 국간장 ▶ 참치한스푼

만들기

1.
배추김치와 어묵은 먹기 좋은 크기로 썰고 대파는 송송 썬다.

2.
냄비에 물 4컵과 다시마를 넣고 센 불로 끓인다. 끓기 시작하면 중간 불로 줄여 5분 정도 끓여 다시마를 건져낸다.

3.
다시마 국물에 배추김치를 넣고 끓여 끓어오르면 중간 불로 줄여 10분 정도 끓인 다음 어묵을 넣고 5분 정도 더 끓인다.

4.
대파와 다진 마늘을 넣고 국간장, 소금, 후춧가루로 간을 하고 다시마를 잘라 넣는다.

빨간 어묵탕

요리 시간
20분

주재료(2인분)
· 무(2cm 길이) 1토막
· 대파 1/2대
· 곤약 1/4봉
· 어묵 1봉
· 물 4컵
· 마른 고추 1개

양념 재료
· 고춧가루 1
· 국간장 2
· 맛술 1
· 소금 약간

만들기

1.
무는 큼직하게 썰고 대파는 어슷하게 썬다.

2.
곤약은 도톰하게 썰고 어묵은 먹기 좋게 썰어 꼬치에 꽂는다.

3.
냄비에 물 4컵, 무, 마른 고추를 넣고 센 불로 끓인다.

4.
국물이 끓으면 분량의 양념 재료를 모두 넣고 꼬치를 넣어 중간 불에 10분 정도 끓인다. 대파를 넣고 소금으로 간을 한다.

채소도 배불리 먹는
납작한 어묵볶음

어묵채 채소볶음

요리 시간
20분

재료(2인분)
· 어묵(넓적한 것) 2장
· 양파 1/4개
· 피망 1/4개
· 식용유 2
· 간장 2
· 설탕 0.3
· 고춧가루 0.3
· 통깨 약간

어묵은 제품에 따라
짠맛이 다르니 한 번에
간을 하지 말고 간을 보아가며
조절하는 게 좋아요.

만들기

1.
어묵은 길이로 얇게 채 썬다. 양파와 피망도 얇게 채 썬다.

2.
팬에 식용유를 두르고 양파를 넣어 센 불에 1분 정도 볶다가 어묵을 넣어 2분 정도 볶는다.

3.
간장, 설탕, 고춧가루를 넣어 1분 정도 더 볶는다.

4.
피망을 넣어 1분 정도 볶다가 통깨를 뿌린다.

이름만 라자냐,
주인공은 어묵

어묵 채소 라자냐

요리 시간
25분

재료(2인분)
· 주키니 호박 1/3개
· 가지 1/2개
· 사각 어묵 3장
· 올리브오일 적당량
· 소금·후춧가루 약간씩
· 토마토소스 1컵
· 모차렐라 치즈 1컵
· 파르메산 치즈가루 적당량
· 파슬리가루 적당량

대체 식재료
주키니호박, 가지 ▶
여러 가지 버섯

재료가 다 있지
않다면 한 가지쯤은
생략해도 좋아요.

만들기

1.
주키니 호박과 가지는 도톰하게 슬라이스한다. 사각 어묵은 반으로 자른다.

2.
팬을 달구어 올리브오일을 두르고 주키니 호박과 가지를 넣는다. 소금과 후춧가루를 뿌리고 센 불에 앞뒤로 노릇노릇하게 굽는다.

3.
오븐용기에 토마토소스, 어묵, 주키니 호박, 가지 순으로 얹은 다음 모차렐라 치즈를 골고루 뿌린다.

4.
200℃의 오븐에서 7~8분 정도 구워 파르메산 치즈가루와 파슬리가루를 뿌린다.

밥은 훌쭉하게,
소는 빵빵하게

묵은지 김밥

요리 시간
30분

주재료(2인분)
- 밥 1공기+1/2공기
- 묵은지 100g
- 당근 약간
- 소금 약간
- 식용유 약간
- 달걀 1개
- 김밥 김 2장
- 우엉조림·시금치나물 약간씩
- 마요 참치(통조림) 1/2통

밥 양념 재료
소금·참기름·깨소금 적당량씩

대체 식재료
마요 참치 ▶ 볶음 쇠고기

만들기

1.
밥에 분량의 양념 재료를 넣어 간을 한다.

2.
묵은지는 씻어 물기를 꼭 짠다.

3.
당근은 채 썰어 팬에 볶아서 소금으로 간을 한다. 달걀은 흰자와 노른자를 섞어서 지단을 부쳐 채 썬다.

4.
김에 밥을 얇게 깔고 당근, 우엉조림, 달걀, 시금치나물을 얹는다. 이어서 묵은지를 얹고 마요 참치를 얹어 돌돌 만다.

각자 입맛대로
돌돌 말아서

돌돌말이 김치김밥

끼니마다 새로운 음식을 만드는 건 결코 쉽지 않아요.
주말에 푹 쉬고 싶은데 끼니를 챙겨야 할 때는 김치김밥이 해결책이에요.
넉넉히 만들어 두면 하루 종일 먹어도 질리지 않으니까요.
대부분의 음식이 그렇지만 김밥도 갓 말아 따끈할 때 먹어야 가장 맛있어요.
먹다가 남아 딱딱해진 김밥은 달걀물에 적셔 팬에 굴려 따끈하게 맛보세요.

요리 시간
30분

재료(2인분)
· 묵은지 100g
· 참기름 1
· 설탕 약간
· 단무지 3줄
· 당근 1/4개
· 식용유 적당량
· 달걀 1개
· 소금·후춧가루 약간씩
· 시금치 1/4단
· 소금·참기름 적당량씩
· 김밥 김 3장
· 밥 1공기+1/2공기
· 멸치볶음 30g
· 우엉조림 30g

만들기

1.
묵은지는 채 썰어 김치 국물을 가볍게 짠다. 팬에 참기름을 두르고 중간 불로 2분 정도 볶다가 설탕을 약간 넣는다.

2.
단무지와 당근은 채 썬다. 팬에 식용유를 두르고 당근을 넣어 살짝 볶는다.

3.
달걀은 곱게 풀어 소금과 후춧가루를 넣고 섞어 지단을 부친 다음 채 썬다.

4.
시금치는 깨끗하게 손질하여 살짝 데쳐서 소금과 참기름에 무친다.

5.
김은 4등분하고 따끈한 밥에 소금과 참기름을 넣어 잘 섞는다.

6.
김에 밥을 깔고 묵은지, 멸치볶음, 당근, 단무지, 달걀, 시금치무침을 얹어 돌돌 만다.

접시에 볶은 묵은지,
멸치볶음, 우엉조림, 당근,
단무지, 달걀, 시금치무침, 김을
먹음직스럽게 담고 밥과
함께 준비해도 좋아요.

김칫국을 끓이다가
수제비로 변경

김치 수제비

요리 시간
30분

주재료(2인분)
- 밀가루 1컵
- 소금 약간
- 물 1/4컵
- 묵은지 100g
- 애호박 1/4개
- 다진 마늘 0.5
- 소금·후춧가루 약간씩

멸치 국물 재료
- 물 5컵
- 멸치(국물용) 7~8마리
- 다시마(5×5cm) 1장
- 양파 1/6개

만들기

1.
밀가루에 소금을 약간 넣고 물 1/4컵을 넣어 반죽한다. 반죽을 비닐봉지에 넣어 냉장고에 10분 정도 넣어둔다.

2.
묵은지는 송송 썰고 애호박은 반달썰기한다.

3.
냄비에 물 5컵, 멸치, 다시마, 양파를 넣고 끓여 끓기 시작하면 5분 정도 중간 불에서 끓인 다음 불을 끈다. 10분 정도 그대로 두었다가 체에 거른다.

4.
멸치 국물에 묵은지를 넣어 중간 불에 5분 정도 끓여 반죽을 떼어 넣고 애호박을 넣어 3분 정도 끓인다. 다진 마늘, 소금, 후춧가루를 넣는다.

김치와 청양고추를 넣은
한국식 타코

김치 타코

요리 시간
20분

주재료(2인분)
· 다진 쇠고기 100g
· 양상추 2~3장
· 청양고추 1개
· 올리브오일 약간
· 다진 묵은지 1컵
(100g 정도)
· 토르티야(8인치) 2장
· 체다 치즈 3
· 살사 소스 4
· 사우어크림 2

쇠고기 양념 재료
· 간장 1
· 설탕 0.5
· 다진 파 1
· 다진 마늘 0.3
· 참기름·후춧가루 약간씩

대체 식재료
사우어크림 ▶
플레인 요구르트

쇠고기는 설도나 우둔이 적당해요. 또 묵은지는 설탕을 약간 넣어 볶으세요.

만들기

1.
다진 쇠고기는 분량의 양념 재료에 10분 정도 재워 팬에 센 불에서 볶는다.

2.
양상추는 채 썰고 청양고추는 송송 썬다.

3.
팬에 올리브오일을 두르고 다진 묵은지를 넣어 중간 불에 3분 정도 볶다가 청양고추를 넣어 1분 정도 볶는다.

4.
토르티야에 양상추, 쇠고기, 묵은지, 체다 치즈, 살사 소스, 사우어크림을 얹는다.

오믈렛에
묵은지와 두부를!

김치 오믈렛

요리 시간
25분

재료(2인분)
· 달걀 4개
· 소금·후춧가루 약간씩
· 우유 2
· 두부 1/6모
· 슬라이스 치즈 1장
· 묵은지 100g
· 식용유 적당량
· 토마토케첩 적당량씩

대체 식재료
우유 ▶ 마요네즈

만들기

달걀에 우유를 넣으면
훨씬 부드럽고 고소해요.

1.
달걀은 잘 풀어서 소금과 후춧가루로 간을 한 다음 우유를 넣어 골고루 섞는다.

2.
두부는 작은 주사위 모양으로 썰고 슬라이스 치즈는 굵게 다진다. 묵은지는 작게 썬다. 팬에 식용유를 두르고 달구어 묵은지를 넣어 중간 불에 살짝 볶는다.

3.
팬을 달구어 식용유를 두르고 달걀물을 넣어 스크램블 하듯 저어가며 도톰한 모양으로 익힌다.

4.
묵은지, 두부, 치즈를 넣고 오믈렛 모양으로 만들어 접시에 담고 토마토케첩을 뿌린다.

두부를 넣어
지글지글 김치전

두부 김치전

요리 시간
30분

재료(2인분)
· 두부 1/4모
· 묵은지 100g
· 깻잎 4장
· 김치 국물 1/4컵
· 밀가루 1컵
· 소금 약간
· 식용유 약간

대체 식재료
깻잎 ▶ 부추

김치 국물로 간을 맞추면 더 맛있는데, 김치 국물이 너무 짜면 양을 줄이고 물을 약간 넣어 농도를 맞추세요.

만들기

1.
두부는 곱게 으깨고 묵은지는 국물을 짜서 송송 썰고 깻잎은 채 썬다.

2.
묵은지에 김치 국물, 밀가루, 두부를 넣어 잘 섞는다.

3.
깻잎채를 넣고 소금으로 간을 하여 가볍게 섞는다.

4.
팬에 식용유를 두르고 반죽을 한 숟가락씩 떠서 앞뒤로 노릇노릇하게 지진다.

chapter

2

한 그릇 요리

가시비 만족

밥을 주식으로 하여 반찬과 함께 차리는 상차림을 반상이라고 합니다. 밥, 국, 김치, 장이 기본이며 5첩 반상에는 찌개, 7첩 반상에는 찜을 더 하지요. 요즘 5첩 반상, 7첩 반상 차리는 집이 많지는 않을 거예요. 한 끼 해결하기도 바쁜 세상이니까요. 요즘 세상에 필요한 레시피는 딱 하나만 만들어도 밥과 함께 맛있고 건강하게 먹을 수 있는 한 그릇 요리입니다. 게다가 후다닥 만드는 시간 절약 레시피라면 더욱 환영이죠. 더욱 건강한 조리법으로 메인 요리부터 브런치, 술안주까지 해결할 수 있는 한 그릇 요리를 소개합니다.

채소찜은
살 안 쪄!

건강 채소찜

요리 시간
30분

재료(2인분)
· 감자 1개
· 고구마 1개
· 당근 1/4개
· 단호박 1/6개
· 연근 1/4개
· 아스파라거스 4개
· 브로콜리 1/6송이
· 참깨 소스 1/2컵
· 소금 약간

채소마다 맛있게 익는 시간이 달라요. 아스파라거스와 브로콜리는 5분, 연근, 단호박, 고구마는 15분, 감자와 당근은 20분 정도 찌세요.

만들기

1.
감자, 고구마, 당근, 단호박은 물에 씻어 껍질째 먹기 좋은 크기로 썬다.

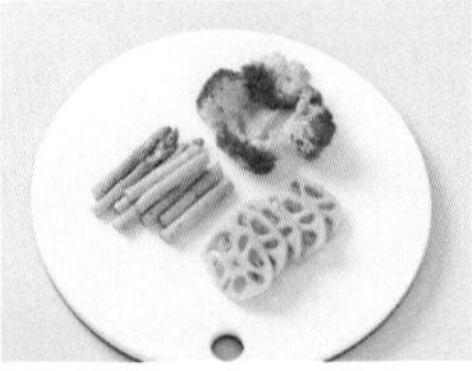

2.
연근은 껍질을 벗기고 0.5cm 두께로 썬다. 아스파라거스와 브로콜리는 먹기 좋은 크기로 썬다.

3.
준비한 재료를 찜기에 넣어 센 불에 찐다.

4.
참깨 소스와 소금을 곁들인다.

밥 카나페

요리 시간
30분

주재료(2인분)
- 밥 2공기
- 소금·참기름 약간씩
- 명란젓 1덩이
- 참기름 약간
- 다진 쇠고기 80g
- 참치 마요(통조림) 1통
- 식용유 약간

쇠고기 양념 재료
- 청양고추 1/2개
- 간장 1
- 설탕 0.5
- 다진 마늘·다진 파 약간씩
- 후춧가루 약간

장식용 재료
- 통깨·검은깨 약간씩
- 실파·허브·올리브 약간씩

대체 식재료
참치 마요 ▶ 참치 통조림

만들기

1.
밥은 소금과 참기름으로 간을 하여 먹기 좋은 크기로 나누어 동글동글하게 빚어 가운데를 움푹하고 납작하게 만든다.

2.
명란젓은 곱게 다져 참기름을 넣어 섞는다.

3.
다진 쇠고기에 청양고추 1/2개를 다져 넣고 나머지 양념을 모두 넣어 섞는다. 팬에 식용유를 두르고 센 불에서 2분 정도 볶는다.

4.
밥에 준비한 재료를 각각 얹고 장식용 재료로 밥 카나페를 만든다.

임금님상에 오른
약고추장으로 싼 김밥

약고추장 김밥

요리 시간

20분

주재료(6인분)

· 다진 쇠고기 50g
· 잣 1
· 고추장 1/2컵
· 간장 1
· 꿀 1
· 참기름 1
· 물 1/4컵
· 밥 4공기+1/2공기
· 소금·참기름·깨소금 적당량씩
· 김밥 김 6장

쇠고기 양념 재료

· 간장 1
· 다진 마늘 1
· 다진 파 1
· 후춧가루 약간

대체 식재료

잣 ▶ 호두 또는 아몬드, 땅콩

만들기

1.
다진 쇠고기에 분량의 양념 재료를 골고루 섞어 재운다. 잣은 키친타월을 깔고 곱게 다진다.

2.
고추장에 간장, 꿀, 참기름, 물 1/4컵을 넣어 잘 섞는다.

3.
팬에 쇠고기를 넣어 중간 불에 2분 정도 볶다가 고추장을 넣고 볶는다. 양념이 바글바글 끓으면 잣을 넣고 불을 끈다.

4.
김에 밥을 깔고 약고추장을 얹어 돌돌 만다.

깍두기 볶음밥

요리 시간
20분

재료(2인분)
- 깍두기(익은 것) 1컵
- 실파 5~6뿌리
- 들기름 2
- 설탕 약간(0.2 정도)
- 밥 2공기
- 소금·후춧가루 약간씩
- 통깨 1

찬밥은 따끈하게 데워서
볶아야 간이 골고루
잘 스며들어 잘 볶아져요.

만들기

1.
깍두기는 익은 것으로 준비하여 굵게 다지고 실파는 송송 썬다.

2.
팬에 들기름을 두르고 깍두기를 넣어 중간 불에 2~3분 정도 볶는다.

3.
밥을 넣어 다른 재료와 잘 어우러지도록 3분 정도 볶다가 소금과 후춧가루로 간을 한다.

4.
실파와 통깨를 뿌린다.

참치 마요 덮밥

요리 시간
20분

재료(2인분)
- 달걀 2개
- 양배추 1장
- 상추 4장
- 깻잎 2장
- 무순 적당량
- 밥 2공기
- 참치 통조림(불고기맛) 1통
- 마요네즈·돈가스 소스 적당량씩
- 통깨 약간
- 식용유 약간

대체 식재료
양배추 ▶ 양상추

만들기

1.
달걀은 잘 풀어서 소금을 약간 넣고 팬에 식용유를 두르고 스크램블한다.

2.
양배추, 상추, 깻잎은 곱게 채 썰어 무순과 섞는다.

3.
그릇에 밥을 담고 채소를 얹은 다음 달걀과 참치를 얹는다.

4.
마요네즈와 돈가스 소스를 뿌리고 통깨를 뿌린다.

오징어 버터볶음밥

요리 시간
20분

재료(1인분)
- 양파 1/4개
- 당근 약간
- 풋고추 1개
- 오징어 1/2마리
- 다진 마늘 0.5
- 밥 1공기
- 간장 1
- 버터 1
- 소금·후춧가루 약간씩
- 통깨 약간
- 식용유 적당량

오징어는 껍질을 벗기지 말고 그대로 굵게 썰어서 사용하세요.

만들기

1.
양파와 당근은 굵게 다지고 풋고추는 송송 썰고 오징어는 굵게 다진다.

2.
팬에 식용유를 두르고 양파와 당근을 넣어 중간 불에 1분 정도 볶다가 오징어를 넣어 2분 정도 더 볶는다.

3.
간장을 넣고 살짝 더 볶다가 밥을 넣어 2분 정도 볶은 다음 풋고추를 넣어 1분 정도 볶는다.

4.
소금과 후춧가루로 간을 하고 버터를 넣어 섞은 다음 통깨를 뿌린다.

주꾸미 마늘종볶음밥

요리 시간
25분

재료(2인분)
· 마늘종 60g
· 마늘 4쪽
· 주꾸미 8마리
· 버터 1
· 고추장 1.5
· 밥 1공기+1/2공기
· 설탕 0.5
· 간장 1

대체 식재료
주꾸미 ▶ 오징어 또는 낙지

주꾸미는 오래 익히면 질겨져 맛이 없어요. 냉동 주꾸미는 더 질길 수 있으니 오래 볶지 마세요.

만들기

1.
마늘종은 1.5cm 길이로 썰고 마늘은 편으로 썬다.

2.
주꾸미는 내장을 제거하고 깨끗하게 씻어 먹기 좋은 크기로 썬다.

3.
달군 팬에 버터를 두르고 버터가 녹으면 약한 불로 줄이고 마늘, 주꾸미, 고추장을 넣어 살짝 볶는다.

4.
밥, 설탕, 간장을 넣고 센 불에 2분 정도 볶은 다음 마늘종을 넣어 살짝 볶는다.

한입 소면말이

요리 시간
30분

주재료(2인분)
- 닭 가슴살(통조림) 1통
- 토마토 1/2개
- 무순 적당량
- 소면 200g
- 검은깨 약간
- 고추냉이·무즙 적당량씩

소스 재료
- 가쓰오 모밀 소스 1/4컵
- 물 1컵+1/2컵

가쓰오 모밀 소스는 양조간장에
가다랑어포를 넣어 만든 소스예요.
이 소스만 있으면 집에서도 맛있는
소바를 먹을 수 있어요.
구입은 www.idaewang.net

만들기

1.
닭 가슴살은 잘게 찢고 토마토는 작게 썰고 무순은 적당한 길이로 손질한다.

2.
소면은 끓는 물에 삶아 찬물에 비벼 헹군 다음 체에 밭쳐 물기를 빼서 한입 크기로 돌돌 만다.

3.
분량의 소스 재료를 골고루 섞는다.

4.
그릇에 소면을 담고 닭 가슴살, 토마토, 무순을 얹는다. 검은깨를 뿌린 다음 소스, 고추냉이, 무즙을 곁들인다.

국민 나물에서
국민 국수로

시금치 국수

포항 구룡포항에 가면 고된 바닷일을 끝낸 어부들을 위해 '어판장에서 팔고 남은 해산물을 모아 얼큰하고 푸짐하게 끓여 낸 국수'라는 설이 있는 '모리 국수'가 있답니다. 또 시금치 국수도 있다고 하여 만들어 보았어요. 소면에 시금치를 고명으로 듬뿍 얹은 시금치 국수예요.

요리 시간
30분

주재료(2인분)
- 국수(소면) 160g
- 소금 약간
- 시금치 100g
- 소금·참기름·통깨 약간씩
- 달걀 1개

양념장 재료
- 간장 2
- 다진 고추장아찌 2
- 참기름 1
- 통깨 1
- 후춧가루 약간

국물 재료
- 멸치(국물용) 8마리
- 물 6컵
- 양파 1/6개
- 국간장 2
- 다진 마늘 0.5

만들기

1.
국수는 끓는 물에 소금을 약간 넣고 저어가며 끓인다. 끓어오르면 찬물을 1컵 정도 붓고 다시 끓어오르면 건져서 찬물에 여러 번 헹구어 체에 밭쳐 물기를 뺀다.

2.
시금치는 뿌리를 다듬어 자르고 물에 씻는다. 끓는 물에 1분 정도 데쳐서 찬물에 헹구어 물기를 빼고 소금, 참기름, 통깨를 넣어 조물조물 무친다.

3.
달걀은 흰자와 노른자를 섞어서 지단을 부쳐 얇게 썬다. 분량의 양념장 재료를 모두 섞는다.

4.
냄비에 멸치, 물 6컵, 양파를 넣어 5분 정도 끓여 불을 끄고 10분 정도 둔다. 멸치와 양파는 건져내고 국간장과 다진 마늘을 넣어 1분 정도 끓인다.

5.
국수는 끓는 국물에 담갔다 건져 그릇에 담고 시금치와 달걀을 얹는다.

6.
국수에 국물을 붓고 양념장을 곁들인다.

멸치 국물 내기가
번거롭다면 훈연멸치로 만든
장국 제품을 사용해도 좋아요.

멸치 국물 칼국수

요리 시간
30분

주재료(2인분)
· 애호박 1/4개
· 양파 1/4개
· 청양고추 2개
· 국간장 1
· 칼국수 면 200g
· 김가루·깨소금 적당량씩

국물 재료
· 물 5컵
· 다시마(10×10cm) 1장
· 멸치(국물용) 10마리

양념장 재료
· 간장 2
· 고춧가루 0.5
· 참기름 1
· 깨소금 1
· 송송 썬 실파 2

만들기

1.
애호박과 양파는 채 썰고 청양고추는 송송 썬다.

2.
냄비에 물 5컵, 다시마, 멸치를 넣고 끓인다. 10분 정도 끓이다가 다시마와 멸치를 건져낸다.

3.
국물에 국간장을 넣어 간을 한 다음 칼국수 면을 넣고 끓인다. 끓어오르면 살살 저어가며 3분 정도 더 끓인다.

4.
애호박, 양파, 청양고추를 넣어 중간 불에 2분 정도 끓여 그릇에 담는다. 김가루와 깨소금을 뿌린 다음 분량의 양념장 재료를 섞어 곁들인다.

직접 만든 미트볼로
든든한 만찬

토마토소스 미트볼 스파게티

요리 시간
50분

주재료(2인분)
· 스파게티 150g
· 올리브오일 2
· 다진 마늘 1
· 다진 양파 1/4개분
· 토마토소스 2컵
· 소금·후춧가루 약간씩

미트볼 재료
· 다진 쇠고기 200g
· 다진 돼지고기 100g
· 다진 양파 2
· 빵가루 1/4컵
· 달걀 1개
· 토마토케첩 2
· 소금·후춧가루 약간씩

쇠고기는 설도나 우둔,
돼지고기는 앞다릿살이 적당해요.
또 미트볼은 프라이팬에 굴려서
익히거나 에어프라이어에
구워도 좋아요.

만들기

1.
쇠고기와 돼지고기에 분량의 미트볼 재료를 섞는다. 일정한 크기로 미트볼을 만들어 200℃의 오븐에서 10분 정도 익힌다.

2.
스파게티는 끓는 물에 8분 정도 삶아 건진다.

3.
팬에 올리브오일을 두르고 다진 마늘과 다진 양파를 넣어 중간 불에 2분 정도 볶다가 토마토소스를 넣어 5분 정도 끓인다.

4.
익힌 미트볼을 토마토소스에 넣어 3분 정도 졸여 스파게티에 곁들인다.

몸에 좋은 올리브오일을
팍팍 넣은 기본 파스타

알리오 올리오

요리 시간

25분

재료(1인분)

· 스파게티 100g
· 소금 3~4
· 마늘 6쪽
· 마른 고추 2~3개
· 올리브오일 1/4컵
· 파스타 삶은 물 1컵
· 소금·후춧가루 약간씩
· 파르메산 치즈가루 약간
· 다진 파슬리 약간

대체 식재료

파스타 삶은 물 ▶
조개 삶은 물 또는 치킨스톡

만들기

1.
냄비에 물을 넉넉히 넣고 끓여 소금 3~4와 스파게티를 넣어 8분 정도 삶아 건진다.

2.
마늘은 편으로 썰고 마른 고추는 굵게 다진다.

3.
팬에 올리브오일을 두르고 마늘과 마른 고추를 넣어 타지 않게 볶다가 파스타 삶은 물을 넣어 끓인다.

4.
소스가 바글바글 끓으면 소금과 후춧가루로 간을 하고 스파게티를 넣어 버무린 다음 파르메산 치즈가루와 다진 파슬리를 뿌린다.

파스타계의 새로운 스타,
된장 맛 파스타

된장 소스 파스타

요리 시간
30분

재료(1인분)
· 표고버섯 1개
· 느타리버섯 1/4팩
· 통마늘 3쪽
· 실파 2뿌리
· 페투치니 90g
· 우유 1/2컵
· 된장 2
· 올리브오일 적당량
· 생크림 1컵
· 소금·후춧가루 약간씩
· 어린잎 채소

대체 식재료
페투치니 ▶ 스파게티

생크림을 넣으면 맛이 더 고소해요. 또 된장은 짠맛이 덜한 것으로 넣으세요.

만들기

1.
표고버섯은 채 썰고 느타리버섯은 가닥가닥 떼어 낸다. 통마늘은 슬라이스하고 실파는 송송 썬다.

2.
페투치니는 끓는 물에 소금을 넣어 8분 정도 삶아 물기를 뺀다.

3.
우유에 된장을 넣어 잘 푼다. 팬에 올리브오일을 두르고 마늘과 버섯을 넣어 중간 불에 2분 정도 볶는다. 우유 된장과 생크림을 넣고 3분 정도 끓인다.

4.
소스가 걸쭉해지면 삶은 페투치니를 넣어 버무린다. 소금과 후춧가루로 간하고 접시에 담아 실파와 어린잎 채소를 뿌린다.

돌돌말이 라자냐

요리 시간
30분

주재료(2인분)
· 라자냐 4장
· 모차렐라 치즈 1/2컵
· 바질 약간
· 소금 약간

미트 소스 재료
· 식용유 약간
· 다진 마늘 1
· 다진 쇠고기 150g
· 토마토소스 1컵
· 토마토 1개
· 소금·후춧가루 약간씩

크림 소스 재료
· 버터 1
· 밀가루 2
· 우유 1컵
· 크림 치즈 1/4컵
· 소금·후춧가루 약간씩

대체 식재료
바질 ▶ 바질가루

만들기

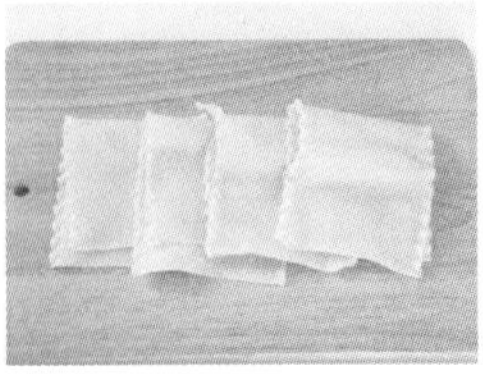

1.
라자냐는 끓는 물에 소금을 약간 넣고 5분 정도 삶아 건져 내어 식힌 다음 반으로 자른다.

2.
미트 소스를 만든다. 팬에 식용유를 두르고 다진 마늘과 다진 쇠고기를 넣어 중간 불에 3분 정도 볶는다. 토마토소스를 넣어 걸쭉하게 끓이다가 토마토를 굵게 다져 넣고 소금과 후춧가루로 간을 한다.

3.
크림 소스를 만든다. 냄비에 버터를 녹인 다음 밀가루를 넣어 1분 정도 볶는다. 우유를 넣고 끓여 끓으면 크림 치즈를 넣어 걸쭉하게 끓여 소금과 후춧가루로 간을 한다.

4.
라자냐에 미트 소스를 펴 바르고 라자냐를 덮어서 돌돌 말아 오븐용기에 담고 크림 소스를 듬뿍 얹는다. 모차렐라 치즈를 얹어 220℃의 오븐에서 6~7분 정도 구워 바질을 얹는다.

병아리콩 짜장

요리 시간
25분

재료(2인분)
· 병아리콩 1/4컵
· 양파 1/2개
· 양배추 2장
· 대파 1/4대
· 고추기름 2
· 다진 마늘 1
· 다진 돼지고기 100g
· 굴소스 0.5
· 물 2컵
· 짜장가루 3~4

대체 식재료
병아리콩 ▶ 감자

돼지고기는 앞다릿살이 적당해요. 또 병아리콩은 2~3시간 전에 미리 불리면 편한데, 시간이 없다면 삶을 때 10분 이상 더 삶으세요.

만들기

1.
병아리콩은 미리 불려 끓는 물에 5분 정도 삶아 건진다.

2.
양파와 양배추는 굵게 썰고 대파는 송송 썬다.

3.
팬에 고추기름을 두르고 다진 마늘과 대파를 넣어 중간 불에 1분 정도 볶다가 돼지고기를 넣어 2분 정도 볶는다.

4.
양파, 양배추, 병아리콩을 넣어 2분 정도 볶다가 굴소스를 넣어 1분 정도 더 볶는다. 물 2컵을 넣어 10분 정도 끓여 짜장가루를 넣고 3분 정도 끓인다.

짬뽕 생각 잊게 하는
영양 가득 짜장

해산물 짜장

요리 시간

30분

재료(2인분)

- 양파 1개
- 양배추 2장
- 대파 1/2대
- 부추 약간
- 오징어 1/2마리
- 식용유 2
- 다진 마늘 1
- 다진 돼지고기 50g
- 새우(껍질 깐 것) 1/2컵
- 볶은 춘장 3
- 굴소스 0.5
- 설탕 약간
- 고추기름 약간
- 통깨 약간
- 밥 2공기

대체 식재료

- 새우 ▶ 오징어 또는 낙지, 주꾸미
- 볶은 춘장 ▶ 분말자장

만들기

1.
양파, 양배추, 대파는 굵게 다지고 부추는 3cm 길이로 썬다. 오징어는 먹기 좋게 썬다.

2.
팬에 식용유를 두르고 달구어 다진 마늘을 볶다가 마늘향이 나면 돼지고기를 넣어 중간 불에 3분 정도 볶는다.

3.
양파, 양배추, 대파를 넣어 중간 불에 3분 정도 볶다가 새우와 오징어를 넣고 3분 정도 더 볶는다.

4.
볶은 춘장을 넣고 2분 정도 볶아 채소에서 수분이 나오면 굴소스와 설탕을 넣고 고추기름을 약간 두른다. 부추와 통깨를 뿌려 밥에 곁들인다.

하이라이스

요리 시간
30분

재료(2인분)
· 감자 1개
· 단호박 1/8개
· 양송이버섯 2개
· 양파 1/2개
· 닭 가슴살 1조각
· 식용유 2
· 다진 마늘 1
· 토마토케첩 3
· 물 2컵
· 하이라이스 가루 1/2컵
· 소금·후춧가루 약간씩
· 밥 2공기

대체 식재료
양송이버섯 ▶ 새송이버섯

토마토케첩이나
토마토소스를 약간 넣으면
풍미가 더 살아요.

만들기

1.
감자, 단호박, 양송이버섯, 양파, 닭 가슴살은 먹기 좋은 크기로 썬다.

2.
냄비를 달구어 식용유를 두르고 다진 마늘과 닭 가슴살을 넣어 볶는다.

3.
양파, 감자, 단호박을 넣어 중간 불에 3분 정도 볶다가 토마토케첩을 넣어 볶는다.

4.
물 2컵을 넣어 10분 정도 끓인 다음 하이라이스 가루를 넣어 걸쭉하게 끓여 소금과 후춧가루로 간을 하여 밥에 곁들인다.

달걀 프라이 하나 얹어
원플레이트로

고구마 카레

요리 시간
30분

재료(2인분)
· 고구마 1개
· 당근 1/6개
· 양파 1/2개
· 식용유 2
· 다진 마늘 0.5
· 다진 돼지고기 100g
· 물 2컵
· 카레 3
· 토마토소스 2
· 소금·후춧가루 약간씩

대체 식재료
다진 돼지고기 ▶ 닭고기

돼지고기는
앞다릿살이 적당해요..

만들기

1.
고구마, 당근, 양파는 껍질을 벗겨 큼직하게 썬다.

2.
냄비에 식용유를 두르고 다진 마늘을 넣어 1분 정도 볶다가 다진 돼지고기를 넣어 중간 불에 2분 정도 볶는다.

3.
고구마, 당근, 양파를 넣어 중간 불에 2분 정도 볶다가 물 2컵을 넣어 10분 정도 끓인다.

4.
고구마가 익으면 카레와 토마토소스를 넣어 걸쭉하게 농도를 맞추고 소금과 후춧가루로 간을 한다.

있는 재료로 끓인
인도식 커리

연근 카레

요리 시간
30분

재료(2인분)
- 연근 150g
- 양파 1/4개
- 피망 1/2개
- 토마토 1/2개
- 마늘 1쪽
- 돼지고기(안심) 150g
- 식용유 적당량
- 물 1컵
- 치킨 마살라 1봉

대체 식재료
- 연근 ▶ 감자
- 치킨 마살라 ▶ 카레가루

치킨 마살라는 페이스트 형태의 카레 양념으로 그린커리나 레드커리 형태예요. 없다면 일반 카레가루를 넣으세요.

만들기

1.
연근, 양파, 피망, 토마토는 작게 썰고 마늘은 다진다.

2.
돼지고기는 핏물을 제거하여 채소와 비슷한 크기로 썬다.

3.
냄비에 식용유를 두르고 다진 마늘, 양파, 돼지고기, 연근을 넣어 볶는다. 양파가 투명해지면 물 1컵을 붓고 치킨 마살라를 넣어 끓인다.

4.
10분 정도 지나면 토마토와 피망을 넣고 중간 불에 5분 정도 더 끓인다.

순두부 짬뽕

요즘 세상은 짬뽕과 짜장은 배달해 먹는 음식이라고 생각하지요.
먹고 나면 입안에 감도는 마약 같은 조미료 맛이 싫어서 가끔 가정식 짬뽕을 만들어요.
이 레시피의 백미는 보드랍고 담백한 순두부예요.

요리 시간
30분

재료(1인분)
- 양파 1/4개
- 청경채 1개
- 부추 3~4줄기
- 생면 1인분
- 고추기름 2
- 식용유 1
- 돼지고기(안심) 50g
- 다진 마늘 1
- 고춧가루 2
- 물 2컵
- 순두부 1/2봉
- 친친소스 2
- 소금·후춧가루 약간씩

대체 식재료
- 청경채 ▶ 배추
- 친친소스 ▶ 국간장

만들기

1.
양파는 채 썰고 청경채는 한 잎씩 떼어두고 부추는 4cm 길이로 썬다.

2.
생면은 끓는 물에 2분 정도 삶아서 건진다.

3.
팬에 고추기름과 식용유를 두르고 달구어 돼지고기, 다진 마늘, 양파를 넣어 볶는다.

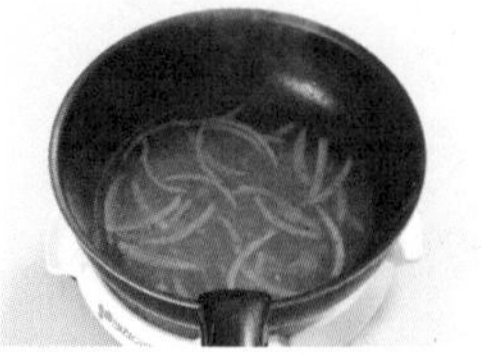

4.
2분 정도 지나면 고춧가루를 넣어 1분 정도 더 볶은 다음 물 2컵을 넣어 끓인다.

5.
국물이 끓기 시작하면 중간 불에서 5분 정도 끓이다가 순두부와 청경채를 넣고 3분 정도 더 끓인다.

6.
친친소스, 소금, 후춧가루로 간을 한 다음 생면과 부추를 넣어 한소끔 끓인다.

친친소스는 우리 몸에 이로운 알칼리성 죽염, Non GMO 콩으로 만든 간장, 계약 농가에서 생산한 유기농 채소 등 안심 재료로 만든 맛간장이에요. 국, 조림, 볶음 요리에 다양하게 사용할 수 있어요.

연어 스테이크

요리 시간
35분

주재료(2인분)
- 연어 400g
- 브로콜리 1/2송이
- 소금·후춧가루 약간씩
- 달걀 1개
- 올리브오일 적당량

연어 크러스트 재료
- 빵가루 1/2컵
- 파르메산 치즈가루 2
- 파슬리 2
- 소금·후춧가루 약간씩

팬에 기름을 두르고
중간 불에서 굽거나
에어프라이어에 구워도 좋아요.

만들기

1.
연어는 스테이크 모양으로 자른다. 브로콜리는 먹기 좋게 썰어 소금과 후춧가루로 간을 한다.

2.
분량의 연어 크러스트 재료를 골고루 섞는다. 달걀은 곱게 푼다.

3.
연어를 달걀에 담갔다가 크러스트 재료를 골고루 입힌다.

4.
오븐팬에 연어와 브로콜리를 담고 올리브오일을 골고루 뿌린 다음 200℃로 예열한 오븐에서 10~12분 정도 굽는다.

인도네시아풍
볶음밥

새우 나시고랭

요리 시간
20분

재료(1인분)
· 양파 1/4대
· 대파 1/2대
· 식용유 2
· 다진 마늘 1
· 새우 6마리
· 칠리소스 0.5
· 굴소스 0.5
· 밥 1공기
· 달걀 1개
· 소금·후춧가루 약간씩

대체 식재료
칠리소스 ▶ 삼발 소스

만들기

1.
양파는 채 썰고 대파는 송송 썬다.

2.
팬에 식용유를 두르고 달구어 다진 마늘, 양파, 새우를 넣어 중간 불에 볶는다.

3.
새우가 익으면 칠리소스와 굴소스를 넣어 1분 정도 볶다가 밥을 넣어 1분 정도 더 볶는다.

4.
대파를 넣어 섞고 소금과 후춧가루로 간을 한 다음 달걀프라이를 얹는다.

저녁밥 대신
베트남식 밀전병

반세오

요리 시간
40분

재료(2인분)
- 반세오 파우더 1컵(100g)
- 물 1/2컵
- 코코넛밀크 1/2컵
- 실파 약간
- 식용유 적당량
- 다진 돼지고기 100g
- 다진 양파 1/4개
- 소금·후춧가루 약간씩
- 숙주 1줌
- 피시 소스 약간

대체 식재료
- 반세오 파우더 ▶ 부침가루+강황가루
- 피시 소스 ▶ 멸치액젓

돼지고기는 앞다릿살이 적당해요. 또 깻잎, 상추, 라이스페이퍼에 싸서 먹거나 피시 소스에 청양고추나 실파 등을 썰어 넣으세요.

만들기

1.
볼에 반세오 파우더, 물 1/2컵, 코코넛밀크를 넣어 잘 푼 다음 실파를 송송 썰어 넣고 섞는다.

2.
팬을 달구어 식용유를 두르고 다진 돼지고기와 다진 양파를 넣어 중간 불에 3분 정도 볶다가 소금과 후춧가루로 간을 한다.

3.
팬을 달구어 식용유를 두르고 반죽을 한 국자 떠서 얇게 부친다.

4.
반죽이 익으면 다진 돼지고기와 양파, 숙주를 얹어 반으로 접은 다음 그릇에 담고 피시 소스를 곁들인다.

두부에서 가지로
선수 교체

마파 가지

요리 시간
25분

주재료(2인분)
- 가지 1개
- 양파 1/4개
- 홍고추·풋고추 1/2개씩
- 고추기름 3
- 식용유 1
- 다진 마늘 0.5
- 마른 고추 2개
- 다진 돼지고기(앞다릿살) 100g
- 두반장 1
- 굴소스 1
- 물 1/2컵
- 녹말물 2
- 소금·후춧가루 약간씩

밥에 얹으면 덮밥으로 먹을 수 있어요. 또 고추기름과 식용유에 인색하면 부드러운 맛을 내기 힘들어요.

만들기

1.
가지는 꼭지를 떼어내고 반으로 갈라 어슷하게 썬다. 양파는 굵게 다지고 홍고추와 풋고추는 반으로 갈라 씨째 송송 썬다.

2.
팬에 고추기름과 식용유를 두르고 다진 마늘, 마른 고추, 양파를 넣어 중간 불에 1분 정도 볶다가 다진 돼지고기를 넣어 2분 정도 볶는다.

3.
가지를 넣어 볶다가 두반장과 굴소스를 넣어 2분 정도 볶은 다음 물 1/2컵을 넣어 3분 정도 끓인다.

4.
가지가 부드럽게 익으면 녹말물로 농도를 맞추고 소금과 후춧가루로 간을 한다.

명절은 아니지만
잡채가 먹고 싶은 날

매운 잡채

명절 음식에 빠지면 섭섭한 잡채는 맛은 좋지만 잘 상해요.
그럴 때는 매운 잡채 레시피를 떠올리세요.
매운 양념을 진하게 하면 여름에도 잘 상하지 않는 잡채를 먹을 수 있어요.
오늘은 일반 당면 대신 납작 당면을 사용했어요.

요리 시간

30분

주재료(2인분)

- 납작 당면 100g
- 돼지고기(등심 또는 안심) 100g
- 노랑·빨강 파프리카 1/4개씩
- 당근 1/6개
- 느타리버섯 1줌
- 부추 1/2줌
- 식용유 적당량
- 소금·후춧가루 적당량씩
- 통깨 1

돼지고기 양념 재료

- 간장 1
- 다진 마늘 0.5
- 후춧가루 약간

양념 재료

- 간장 3
- 설탕 1
- 물엿 1
- 맛술 1
- 고춧가루 1
- 다진 마늘 0.5
- 물 1/2컵

대체 식재료

납작 당면 ▶일반 당면

만들기

1.
납작 당면은 찬물에 1시간 정도 불려 반으로 자른다.

2.
돼지고기는 먹기 좋은 길이로 채 썰어 분량의 돼지고기 양념 재료에 조물조물 버무린다.

3.
채소는 각각 일정한 두께로 채 썬다.

4.
분량의 양념 재료를 골고루 섞는다.

5.
팬에 식용유를 두르고 파프리카, 당근, 느타리버섯, 돼지고기 순으로 각각 볶아 소금으로 간을 한다.

6.
팬에 양념을 넣고 끓여 바글바글 끓으면 당면을 넣어 졸이듯이 중간 불에 2~3분 정도 볶는다. 돼지고기, 파프리카, 당근, 느타리버섯, 부추 순으로 넣고 소금과 후춧가루로 간을 하고 통깨를 뿌린다.

돼지고기는 등심이나 안심이 적당해요. 납작 당면이 없다면 일반 당면을 불려서 사용해도 돼요.

순대볶음

요리 시간
35분

주재료(4인분)
· 순대 400g
· 양배추 4장
· 양파 1개
· 풋고추·홍고추 1개씩
· 대파 1대
· 깻잎 10장
· 식용유 적당량
· 통깨 약간

양념 재료
· 고추장 2
· 고춧가루 4
· 간장 1.5
· 설탕 2
· 물엿 1
· 맛술 2
· 들깨가루 3
· 참기름 2
· 소금·후춧가루 약간씩

만들기

1.
순대는 어슷하게 썰고 양배추와 양파는 굵게 채 썬다. 풋고추, 홍고추, 대파는 어슷하게 썰고 깻잎은 가늘게 채 썬다.

2.
분량의 양념 재료를 모두 섞는다.

3.
팬에 식용유를 두르고 양배추와 양파를 넣어 중간 불에 1분 정도 볶는다.

4.
순대와 양념장을 넣어 3분 정도 볶다가 풋고추, 홍고추, 대파를 넣어 살짝 볶은 다음 깻잎을 넣고 가볍게 섞어 통깨를 뿌린다.

골뱅이 미나리무침

요리 시간
25분

주재료(2인분)
· 골뱅이(통조림) 1통
· 오이 1/2개
· 당근 약간
· 소금 약간
· 미나리 1줌

양념 재료
· 고추장 2
· 고춧가루 2
· 물엿 2
· 설탕 1
· 2배식초 2
· 다진 마늘 1
· 다진 파 1
· 깨소금 약간

대체 식재료
골뱅이 ▶ 오징어 또는 소라

만들기

1.
골뱅이는 먹기 좋은 크기로 자른다.

2.
오이와 당근은 길쭉하게 썰어서 오이에만 소금을 약간 뿌려 5분 정도 절였다가 물기를 짠다.

3.
미나리는 다듬어 먹기 좋은 크기로 썬다. 분량의 양념 재료를 모두 섞는다.

4.
골뱅이에 양념을 넣어 무치고 오이와 당근을 넣어 무친 다음 미나리를 넣어 살살 버무린다.

얼갈이배추 넣고
집된장 풀어서

된장 칼국수

요리 시간
30분

주재료(1인분)
· 얼갈이배추 2장
· 대파 1/4대
· 청양고추 1/2개
· 된장 2
· 바지락 1/2컵
· 칼국수면 1인분
· 다진 마늘 0.5
· 소금·후춧가루 약간씩

국물 재료
· 물 3컵
· 멸치(국물용) 6마리
· 다시마(10×10cm) 1장

대체 식재료
바지락 ▶ 굴

만들기

1.
얼갈이배추는 물에 씻어 먹기 좋은 크기로 썰고 대파와 청양고추는 송송 썬다.

2.
냄비에 물 3컵, 멸치, 다시마를 넣어 끓인다. 국물이 끓으면 다시마를 건져내고 멸치는 3분 정도 더 끓여서 체에 거른다.

3.
국물에 된장을 넣어 끓여 끓으면 바지락을 넣고 1분 정도 끓인다. 국물이 끓어오르면 칼국수면을 넣는다.

4.
국물이 끓어오르면 젓가락으로 칼국수면을 저은 다음 얼갈이배추, 대파, 청양고추, 다진 마늘을 넣어 2분 정도 더 끓여 소금과 후춧가루로 간을 한다.

들깻가루 듬뿍 넣어
걸쭉하게 끓인 별미

들깨 미역 수제비

요리 시간
35분

주재료(2인분)
· 불린 미역 1/2컵
· 참기름 1
· 국간장 2
· 멸치가루 0.5
· 물 5컵
· 들깻가루 1/4컵
· 다진 마늘 0.5
· 소금·후춧가루 약간씩

수제비 반죽 재료
· 밀가루 1컵
· 소금 약간
· 물 1/4컵~1/2컵

대체 식재료
멸치가루 ▶ 천연 조미료 또는 액상 조미료

만들기

1.
불린 미역은 물기를 꼭 짜고 참기름, 국간장, 멸치가루에 조물조물 무친다.

2.
볼에 분량의 수제비 반죽 재료를 넣고 섞어 한 덩어리로 뭉친다. 시간이 있다면 반죽을 비닐봉지에 넣어 냉장고에서 30분 정도 휴지시킨다.

3.
냄비에 미역을 넣어 2분 정도 중간 불에 볶다가 물 1컵을 넣어 끓인다. 국물이 끓으면 물 4컵을 넣고 끓어오르면 은근한 불로 줄이고 10분 정도 더 끓인다.

4.
수제비 반죽을 얇게 떠 넣어 3분 정도 끓인 다음 들깻가루와 다진 마늘을 넣고 소금과 후춧가루로 간을 한다.

남은 미역국
재생 프로젝트

미역 감자 옹심이

감자를 참 좋아해서 여러 가지 감자 요리를 많이 해 먹어요.
특히 미역국, 된장국, 김치찌개 등 국물이 남으면 감자 옹심이를 넣어 새로운 요리로 재탄생시키지요.
수제비처럼 한 그릇 후루룩 먹으면 든든해요. 감자 옹심이를 만들 시간과 에너지가 없어도
걱정 마세요. 요즘에는 강원도 감자로 만든 옹심이를 쉽게 살 수 있어요.
참! 옹심이는 새알을 뜻하는 강원도 사투리예요.

요리 시간
40분

주재료(2인분)
- 쇠고기(국거리용) 150g
- 마른 미역 1/4컵
- 참기름 2
- 다진 마늘 0.5
- 물 4컵
- 국간장 2
- 소금 약간

새알심 재료
- 찹쌀가루 1컵
- 멥쌀가루 1/2컵
- 소금 약간
- 뜨거운 물 3
- 녹말가루 2

대체 식재료
참치한스푼 ▶
집간장 또는 국간장

만들기

1.
쇠고기는 양지나 사태 같은 국거리용으로 준비하여 핏물을 제거하고 마른 미역은 찬물에 불려 물기를 꼭 짜서 먹기 좋게 썬다.

2.
새알심을 만든다. 찹쌀가루와 멥쌀가루를 섞은 다음 소금을 약간 넣고 뜨거운 물 3으로 익반죽해 동글동글하게 빚어 녹말가루 2를 뿌린다.

3.
냄비에 참기름을 두르고 쇠고기와 다진 마늘을 넣어 센 불에 3분 정도 볶다가 미역을 넣어 볶는다.

4.
물 2컵을 넣어 끓여 끓어오르면 중간 불에 10분 정도 끓인다.

5.
물 2컵을 더 넣어 센 불로 10분 정도 끓이다가 미역이 부드러워지면 새알심을 넣고 3분 정도 끓인다. 국간장과 소금으로 간한다.

시판 옹심이는 2인분에 200g 정도가 적당해요.

chapter

3

간식

네 번째 식사

무엇이든 넘쳐 나는 시대를 살고 있습니다. 삼시 세끼에 야식이나 간식을 즐기는 네 번째 식사가 등장했습니다. 삼시 세끼는커녕 한 끼 집밥 해 먹는 일도 녹록지 않은 시대에 집에서 만드는 간식이라며 놀라는 분도 계실 거예요. 건강한 음식을 먹겠다는 다짐에 요리하는 재미를 더하면 안전한 간식이 만들어집니다. 여유로운 주말에 브런치 카페나 레스토랑에 가는 대신 느긋하게 만들어 볼 만한 가벼운 끼니입니다.

딸기 피자

요리 시간
25분

재료(2인분)
· 딸기 10개
· 토르티야 2장
· 피자 치즈 1/2컵
· 루콜라 1줌
· 리코타 치즈 1/2컵
· 발사믹 리덕션 2~3
· 플레인 요구르트 2~3

대체 식재료
· 루콜라 ▶ 어린잎 채소
· 리코타 치즈 ▶ 크림치즈

만들기

1.
딸기는 씻어서 꼭지를 떼어내고 먹기 좋은 크기로 썬다.

2.
토르티야 1장에 피자 치즈의 반만 얹는다. 나머지 토르티야를 얹고 피자 치즈를 얹어 200℃로 예열한 오븐에서 10분 정도 굽는다.

3.
구운 토르티야에 루콜라, 딸기, 리코타 치즈를 먹음직스럽게 얹는다.

4.
발사믹 리덕션과 플레인 요구르트를 골고루 뿌린다.

딸기 오믈렛

요리 시간
40분

주재료(12개 정도)
· 핫케이크 믹스 200g
· 달걀 2개
· 우유 2/3컵

크림 재료
· 생크림 1컵
· 크림치즈 70g
· 설탕 2
· 플레인 요구르트 2

장식용 재료
· 딸기 10개
· 민트 약간

그릴 같은 곳에 잠깐
끼우면 모양이 잘 잡혀요.
또는 방망이나 병 등에 얹어
모양을 잡아도 좋아요.

만들기

1.
핫케이크 믹스에 달걀과 우유를 넣어 멍울이 지지 않도록 잘 푼다.

2.
생크림은 거품을 올리고 딸기는 적당한 크기로 자른다.

3.
크림치즈를 부드럽게 풀어 설탕과 플레인 요구르트를 넣어 골고루 섞은 다음 생크림을 넣어 가볍게 섞는다.

4.
핫케이트를 동그랗게 부쳐 뜨거울 때 반으로 접어 모양을 잡는다. 오믈렛에 크림을 채우고 딸기와 민트로 장식한다.

싱싱 채소를
한 컵에 가득

요구르트 딥과 채소 스틱

요리 시간
10분

주재료(4인분)
· 오이 1개
· 당근 1/4개
· 노랑 파프리카 1개
· 방울토마토 12개

요구르트 딥 재료
· 플레인 요구르트 1/2컵
· 파르메산 치즈가루 2
· 식초 1
· 설탕 0.3
· 마늘가루 약간(0.2정도)
· 소금·후춧가루 약간씩

대체 식재료
마늘가루 ▶ 다진 마늘

만들기

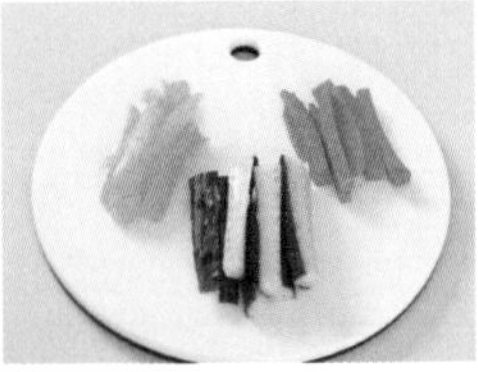

1.
오이, 당근, 노랑 파프리카는 길쭉하게 썬다.

2.
방울토마토는 꼬치에 꽂는다.

3.
분량의 요구르트 딥 재료를 골고루 섞는다.

4.
컵에 요구르트 딥을 담고 채소 스틱을 꽂는다.

여러 치즈를 녹여
크래커나 빵에 찍어 먹기

빵 찍어 먹는 치즈 딥

요리 시간
20분

주재료(2인분)
- 방울토마토 10개
- 올리브오일 0.5
- 소금·후춧가루 약간씩
- 곁들임 크래커·빵 적당량씩

치즈 딥 재료
- 크림치즈 1/4컵
- 스트링 치즈 2개
- 파르메산 치즈가루 3
- 고다치즈 100g
- 다진 마늘 0.5
- 다진 바질 1
- 오레가노 약간

대체 식재료
스트링 치즈 ▶ 모차렐라 치즈

오븐이 없다면 팬에
앞뒤로 노릇하게 구우세요.
또 오레가노는 없다면
빼도 돼요.

만들기

1.
방울토마토는 물에 씻어 반으로 잘라 올리브오일, 소금, 후춧가루를 뿌려서 200℃의 오븐에 20분 정도 굽는다.

2.
치즈 딥 재료 중 크림치즈는 부드럽게 풀고 스트링 치즈와 파르메산 치즈가루, 고다치즈는 굵게 다진다.

3.
크림치즈에 스트링 치즈와 고다치즈를 약간 남기고 섞어 구운 토마토, 다진 마늘, 다진 바질, 오레가노를 넣어 섞는다.

4.
오븐용기에 ③을 담고 나머지 스트링 치즈와 고다치즈를 골고루 뿌린다. 200℃의 오븐에 10~15분 정도 노릇노릇하게 구워 크래커와 빵을 곁들인다.

딸기 샌드위치

요리 시간
25분

주재료(2인분)
· 밀크 프랑스빵 2개
· 생크림 1컵
· 커스터드 크림 1/2컵
· 딸기 10개

커스터드 크림 재료
· 우유 1/2컵
· 바닐라빈 약간
· 달걀노른자 30g
· 설탕 25g
· 박력분 10g

대체 식재료
밀크 프랑스빵 ▶ 모닝빵

커스터드 크림은 우유 1/2컵에 바닐라빈 약간을 넣고 달걀노른자 30g과 설탕 25g을 넣어 잘 저은 다음 박력분 10g을 넣어 살짝 끓여 냉장고에 넣어 차게 식히세요.

만들기

1.
밀크 프랑스빵에 칼집을 길게 넣는다.

2.
생크림은 빳빳하게 갈고리 모양이 생길 정도로 거품을 내어 분량의 커스터드 크림 재료와 골고루 섞는다.

3.
빵에 크림을 짜고 딸기를 얹는다.

할라피뇨와 치즈를 품은
치아바타

멕시칸 샌드위치

요리 시간
25분

재료(1인분)
· 치아바타 1개
· 닭 가슴살(통조림) 1통
· 토마토소스 1/4컵
· 할라피뇨 3~4개
· 모차렐라 치즈 1/4컵
· 슬라이스 치즈 1장

치아바타 대신 바게트나
샌드위치빵, 핫도그빵 등 무엇이든
잘 어울리니 있는 재료로 만드세요.
또 오븐 대신 에어프라이어에
구워도 좋아요.

만들기

1.
치아바타는 반으로 가르고 닭 가슴살 통조림은 물기를 뺀다.

2.
치아바타에 토마토소스를 바르고 닭 가슴살을 얹는다.

3.
할라피뇨, 모차렐라 치즈, 슬라이스 치즈를 얹은 다음 200℃로 예열한 오븐에서 7~8분 정도 굽는다.

아이스크림 막대기에
붙어 있는 샌드위치

치즈 스틱 샌드위치

요리 시간
30분

재료(2인분)
· 식빵 2장
· 양파 1/2개
· 카망베르 60g
· 베이컨 2장
· 소금 약간

*아이스크림 막대기 2개

대체 식재료
카망베르 ▶ 모차렐라 치즈

샌드위치 메이커가 없다면 팬에 얹어 한 면을 가볍게 눌러 익혀 한쪽이 익으면 뒤집어 다른 쪽도 같은 방법으로 익혀요.

만들기

1.
식빵은 반으로 자르고 양파는 모양대로 슬라이스 한다.

2.
치즈는 카망베르로 준비하여 일정한 두께로 썬다.

3.
팬을 달구어 베이컨을 굽다가 베이컨 기름에 양파를 노릇노릇하게 구워 소금으로 간을 한다.

4.
식빵에 치즈를 얹고 아이스크림 막대기, 양파, 베이컨 순으로 얹은 다음 식빵을 얹는다. 샌드위치 메이커에 식빵을 넣어 굽는다.

모닝빵 샌드위치

요리 시간
10분

재료(2인분)
· 모닝빵 4개
· 소시지(중간 크기) 4개
· 치커리 약간
· 다진 피클 약간
· 머스터드 약간
· 칠리소스 약간

대체 식재료
모닝빵 ▶ 핫도그빵 또는 식빵

만들기

1.
모닝빵은 윗부분에 반으로 칼집을 넣는다.

2.
소시지는 칼집을 넣어 끓는 물에 2분 정도 데친다.

3.
모닝빵에 치커리를 얹고 다진 피클을 얹는다.

4.
소시지를 얹고 머스터드와 칠리소스를 곁들인다.

천연비타민을
가득 넣은

치킨 퀘사디아

먹거리에 대한 이슈가 항상 생겨나지만 영양적으로 균형 잡힌 식단을 구성하여
규칙적으로 먹는 것이 언제나 정답이에요. 오늘 만든 퀘사디아도 여러 재료를 골고루 먹을 수 있어요.
특히 천연비타민제라 불리는 자색 양파는 면역력을 증강시키는 식재료 중의 하나예요.

요리 시간
20분

주재료(1인분)
- 닭고기(닭 가슴살) 1조각
- 자색 양파 1/2개
- 바비큐 소스 3
- 토르티야(중간 것) 2장
- 모차렐라 치즈 1/4컵
- 체다 치즈 적당량
- 식용유 적당량

닭고기 밑간 재료
소금·후춧가루 약간씩

대체 식재료
자색 양파 ▶ 양파

만들기

1.
닭 가슴살은 소금과 후춧가루를 뿌려 밑간한다. 자색 양파는 채 썬다.

2.
팬에 식용유를 두르고 닭 가슴살을 얹어 중간 불에 앞뒤로 노릇노릇하게 5분 정도 구운 다음 자색 양파를 가장자리에 넣어 볶는다.

3.
닭 가슴살이 익으면 적당한 크기로 찢어서 양파와 함께 2분 정도 볶다가 바비큐 소스를 넣어 1분 정도 더 볶는다.

4.
달군 팬에 토르티야를 얹고 토르티야의 1/2은 남기고 모차렐라 치즈, 체다 치즈, 볶은 닭 가슴살을 얹는다.

5.
체다 치즈와 모차렐라 치즈를 다시 얹고 토르티야를 반으로 접는다.

6.
앞뒤로 2~3분 정도 구워 먹기 좋은 크기로 썬다.

토르티야에 준비한 재료를 얹어 피자처럼 구워도 좋아요.

에그 토스트

요리 시간
30분

재료(2인분)
· 베이컨 8장
· 버터 2
· 식빵 4장
· 달걀 4개
· 파르메산 치즈가루 2
· 소금·후춧가루 약간씩
· 실파 약간

대체 식재료
베이컨 ▶ 햄

팬에 넣어 약한 불에서
뚜껑을 덮고 굽거나
에어프라이어에 구워도 돼요.

만들기

1.
팬에 베이컨을 넣어 앞뒤로 살짝 구워 기름을 뺀다.

2.
버터는 실온에 두어 부드러워지면 식빵의 한 면에 골고루 바른다.

3.
식빵에 베이컨을 얹고 달걀을 하나씩 깨어 얹은 다음 파르메산 치즈가루를 골고루 뿌린다.

4.
200℃로 예열한 오븐에서 15분 정도 구워 실파를 송송 썰어 뿌린다.

햄 앤 치즈 브레드 볼

요리 시간
20분

재료(2인분)
· 모닝빵 4개
· 달걀 4개
· 슬라이스 햄 2장
· 모차렐라 치즈 1/2컵
· 소금·후춧가루 약간씩
· 파슬리가루 약간

대체 식재료
모닝빵 ▶ 식빵

모닝빵이 없으면 식빵을 2~3장 겹쳐 가운데를 잘라서 쓰세요. 햄이나 치즈도 냉장고에 있는 것들로 대신하세요.

만들기

1.
모닝빵은 윗부분을 잘라 내고 가운데를 파낸다.

2.
슬라이스 햄은 길게 잘라 모닝빵에 둥글게 돌린다.

3.
햄에 달걀을 하나씩 깨어 넣고 소금, 후춧가루, 파슬리가루를 뿌린다.

4.
치즈를 뿌리고 잘라낸 빵 뚜껑을 덮고 쿠킹포일로 감싸서 180℃로 예열한 오븐에서 15분 정도 굽는다.

거친 곡물빵의 반전,
부드러운 속살

풀어파트 브레드

요리 시간
30분

주재료(2인분)
· 단단한 곡물빵 1개
· 쪽파 3뿌리
· 베이컨 3줄
· 모차렐라 치즈 1/2컵

버터 소스 재료
· 버터 5
· 설탕 0.5
· 소금 약간
· 다진 마늘 1
· 파슬리가루 약간

대체 식재료
단단한 곡물빵 ▶
통바게트 또는 통식빵

빵에 칼집을 넣을 때 너무 촘촘하게 넣지 말고 듬성듬성 넣으세요. 칼집의 깊이도 너무 얕게 넣지 마세요.

만들기

1.
곡물빵에 벌집 모양으로 칼집을 넣는다.

2.
쪽파는 씻어 물기를 빼서 송송 썬다. 베이컨은 잘게 썰어 팬에 살짝 볶는다.

3.
버터를 녹인 다음 설탕, 소금, 다진 마늘, 파슬리가루를 넣고 섞어 버터 소스를 만든다.

4.
빵 칼집 사이에 모차렐라 치즈, 베이컨, 쪽파를 채우고 버터 소스를 골고루 뿌린 다음 180℃의 오븐에서 15분 정도 굽는다.

굳은 빵이나
남은 채소를 찾아서

식빵 채소구이

요리 시간
25분

재료(1인분)
· 곡물빵 2장
· 햄 2장
· 방울토마토 4개
· 피망 1/4개
· 옥수수알(통조림) 2
· 소금·후춧가루 약간씩
· 달걀 1개
· 올리브오일 적당량

대체 식재료
곡물빵 ▶ 식빵 또는 바게트

만들기

1.
곡물빵은 칼로 가운데를 도려낸다.

2.
햄, 방울토마토, 피망은 옥수수 크기로 썰어 팬에 볶아서 소금과 후춧가루로 간을 한다.

3.
팬에 올리브오일을 두르고 곡물빵을 얹는다. 볶은 채소와 달걀물을 넣고 도려낸 빵을 얹는다.

4.
앞뒤로 노릇노릇하게 지진다.

갓 만들어 맛보면
더 맛있는 집피자!

미니 채소 피자

요리 시간
25분

재료(2인분)
- 주키니 호박 1/3개
- 가지 1/2개
- 소금·후춧가루 약간씩
- 베이컨 2줄
- 바질 페스토 적당량
- 토마토소스 1/2컵
- 옥수수알(통조림) 3
- 피자치즈 1/2컵
- 파르메산 치즈가루 적당량

대체 식재료
바질 페스토 ▶ 토마토소스

바질 페스토는 시판 제품이 많지만, 직접 만든다면 바질, 잣, 올리브오일, 마늘을 넣어 곱게 갈면 돼요.

만들기

1.
주키니 호박과 가지는 0.5cm 두께로 썰어 소금과 후춧가루를 뿌린다. 5분 정도 지나면 물기를 제거하고 센 불에 노릇노릇하게 지진다.

2.
베이컨은 잘게 다져 팬에 볶은 다음 키친타월에 얹어 기름기를 제거한다.

3.
구운 채소에 바질 페스토와 토마토소스를 바르고 구운 베이컨과 옥수수알을 골고루 뿌린다. 피자치즈를 얹어 200℃의 오븐에서 7~8분 정도 구워 파르메산 치즈가루를 뿌린다.

맛 담당은
볶은 양파와 치즈

양파와 치즈를 얹은 빵

요리 시간
25분

재료(2인분)
- 양파 1개
- 버터 1
- 다진 마늘 0.5
- 설탕 0.3
- 발사믹 식초 0.3
- 소금·후춧가루 약간씩
- 빵 4장
- 모차렐라 치즈 1컵
- 고다치즈 약간
- 파슬리가루 약간

대체 식재료
고다치즈 ▶ 슬라이스 치즈

양파는 일정한 두께로 채 썰어서 볶아야 색이 골고루 나요.

만들기

1.
양파는 채 썰어 팬에 버터를 두르고 다진 마늘과 함께 넣어 중간 불에 2분 정도 볶는다.

2.
설탕을 넣고 약한 불에 10분 정도 볶다가 양파가 노릇노릇해지면 발사믹 식초를 넣어 2분 정도 볶은 다음 소금과 후춧가루로 간을 한다.

3.
빵에 모차렐라 치즈를 골고루 얹고 볶은 양파를 얹어 200℃로 예열한 오븐에서 10분 정도 굽는다.

4.
고다치즈를 얇게 썰어 얹고 파슬리가루를 뿌린다.

채소를 곁들인
튀김은 진리

치즈 프라이

요리 시간
30분

주재료(2인분)
· 냉동 감자 300g
· 튀김기름 적당량
· 다진 쇠고기 50g
· 양파 1/6개
· 방울토마토 4개
· 치즈 가루 3
· 칠리소스 2
· 다진 파슬리 약간

쇠고기 양념 재료
· 간장 1
· 스리라차 소스 1
· 다진 마늘 0.5
· 후춧가루 약간

대체 식재료
· 스리라차 소스 ▶ 칠리소스
· 냉동 감자 ▶ 생감자

생감자는 길쭉하게 썰어서
물에 씻어 녹말을 제거하여
물기를 뺀 다음 노릇노릇하게
튀겨 소금을 약간 뿌려요.

만들기

1.
냉동 감자는 180℃의 튀김기름에 노릇노릇하게 튀긴다.

2.
다진 쇠고기는 설도나 우둔으로 준비하여 분량의 양념 재료에 조물조물 양념하여 팬에 넣고 중간 불에 2분 정도 볶는다.

3.
양파는 굵게 다지고 방울토마토는 먹기 좋게 썬다.

4.
그릇에 튀긴 감자를 담고 쇠고기, 양파, 방울토마토를 얹은 다음 치즈 가루를 뿌린다. 칠리소스와 다진 파슬리를 뿌린다.

닭봉조림

요리 시간
25분

주재료(2인분)
- 닭봉 12개
- 소금·후춧가루 적당량씩
- 감자 1개
- 식용유 약간
- 버터 1

조림장 재료
- 간장 3
- 물엿 1
- 다진 마늘 1
- 칠리소스 1
- 맛술 1

대체 식재료
닭봉 ▶ 닭 날개

만들기

1.
닭봉은 소금과 후춧가루를 뿌려서 팬에 노릇노릇하게 굽거나 200℃의 오븐에 12분 정도 굽는다.

2.
감자는 깨끗하게 씻어 껍질째 웨지 모양으로 썬다. 팬에 식용유를 두르고 감자를 넣어 노릇노릇하게 구워 소금과 후춧가루로 간을 한다.

3.
팬에 분량의 조림장 재료를 모두 넣어 끓여 바글바글 끓으면 닭봉을 넣어 중간 불에 2~3분 정도 윤기나게 조린다.

4.
그릇에 닭봉조림과 웨지 감자를 담는다.

콥 샐러드

식사도 못 챙겨 먹을 만큼 바쁘게 지내던 미국의 한 셰프가
어느 날 주방에 들어가 남은 재료를 섞어서 프렌치 드레싱을 곁들였어요.
이 샐러드는 셰프의 이름을 따서 콥 샐러드라 불리게 되었어요.
오늘 냉장고를 열고 여러분만의 샐러드를 만들어 보세요.

요리 시간
30분

주재료(2인분)
· 달걀 2개
· 닭고기(닭 가슴살 통조림) 1/2통
· 베이컨 2줄
· 방울토마토 6개
· 느타리버섯 1줌
· 샐러드 채소 1줌
· 치즈가루 1/4컵
· 소금·후춧가루 약간씩
· 식용유 약간

드레싱 재료
· 올리브오일 1/4컵
· 레몬 1/2개
· 소금·후춧가루 약간씩

대체 식재료
레몬 ▶ 레몬 주스

만들기

1.
달걀은 끓는 물에 13분 정도 삶아 찬물에 식힌다. 껍질을 벗기고 큐브 모양으로 썬다.

2.
닭고기는 뚜껑을 따서 국물을 따라내고 베이컨은 다져서 노릇노릇하게 볶아 기름을 뺀다.

3.
방울토마토는 4등분하고 느타리버섯, 샐러드 채소는 씻어 물기를 뺀다. 느타리버섯은 손으로 먹기 좋은 크기로 찢어서 센 불에 볶아 소금과 후춧가루로 간을 한다.

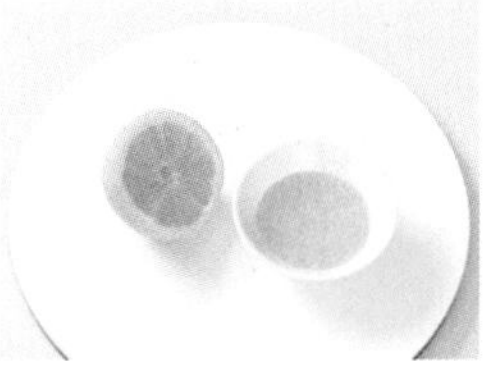

4.
분량의 드레싱 재료를 모두 섞는다.

5.
볼에 준비한 재료를 담고 치즈를 뿌린 다음 드레싱을 곁들인다.

달걀 2개를 삶을 때는
물 3~4컵(달걀이 잠길 정도)
을 넣고 삶으면 돼요.

보트 샐러드

토르티야 보트가 없으면 토르티야에 돌돌 말면 돼요. 또 타코 시즈닝이 없다면 고춧가루, 소금, 후춧가루, 카레가루를 섞어 만드세요.

요리 시간

20분

주재료(2인분)

· 다진 쇠고기 200g
· 양파 1/4개
· 파프리카 1/3개
· 양상추 1/8통
· 식용유 적당량
· 타코 시즈닝 3
· 토르티야 보트 4개
· 치즈 가루 적당량

토마토 살사 재료

· 토마토 1/2개
· 양파 1/4개
· 청양고추 1개
· 다진 마늘 1
· 칠리소스 2
· 레몬즙·소금·후춧가루 약간씩

대체 식재료

타코 시즈닝 ▶
파프리카 가루 또는 칠리소스

만들기

1.
다진 쇠고기는 설도나 우둔으로 준비하여 키친타월로 가볍게 눌러 핏물을 제거한다. 양파, 파프리카, 양상추는 채 썬다.

2.
팬을 달구어 식용유를 두르고 다진 쇠고기와 양파를 넣어 센 불로 1분 정도 볶다가 파프리카와 타코 시즈닝을 넣어 1분 정도 볶는다.

3.
토마토 살사를 만든다. 토마토, 양파, 청양고추는 굵게 다져 나머지 재료와 잘 섞는다.

4.
토르티야 보트에 양상추, 볶은 쇠고기, 토마토 살사를 담고 치즈 가루를 뿌린다.

멕시코 요리 타코를
변형한 창작 요리

새우 타코볼

요리 시간
20분

주재료(2인분)
· 새우(껍질 벗긴 새우) 10마리
· 식용유 약간
· 토마토 1/2개
· 옥수수알(통조림) 4
· 멕시칸 치즈 2
· 파슬리 약간
· 레몬 1/2개

새우 양념 재료
· 파프리카 가루 0.5
· 마늘 가루 0.3
· 소금·후춧가루 약간씩

대체 식재료
파프리카 가루 ▶ 고운 고춧가루

껍질 있는 새우는 머리를 떼어내고 꼬리를 남기고 껍질을 벗겨요. 또 큐민이나 코리앤더 파우더를 더 넣어도좋아요.

만들기

1.
분량의 새우 양념 재료를 섞어서 새우에 넣어 5분 정도 재운다.

2.
팬을 달구어 식용유를 두르고 새우를 넣어 앞뒤로 노릇노릇하게 중간 불에서 익힌다.

3.
토마토는 먹기 좋게 썰고 옥수수알은 물기를 제거한다.

4.
그릇에 새우와 준비한 재료를 담고 멕시칸 치즈를 얹고 파슬리가루를 뿌린 다음 레몬을 곁들인다.

통오징어 봄 샐러드

요리 시간
30분

주재료(2인분)
· 통오징어 1마리
· 샐러드 채소 10g
· 돗나물 약간
· 자몽 1/2개
· 허브솔트 약간

드레싱 재료
· 자몽즙 3
· 올리브오일 3
· 설탕 0.5
· 식초 2
· 씨겨자 0.5
· 소금·후춧가루 약간씩

대체 식재료
· 허브솔트 ▶ 소금·마늘가루 약간씩
· 자몽즙 ▶ 레몬즙

오징어 대신 새우, 주꾸미, 닭 가슴살, 통조림 참치 등을 사용해도 좋아요. 또 오징어는 200℃로 예열한 오븐에서 10분 정도 구워도 돼요.

만들기

1.
통오징어는 내장을 빼내어 씻어 껍질에 잔칼집을 넣는다. 허브솔트를 뿌려 5분 정도 둔 다음 팬에 넣고 앞뒤로 구워 뚜껑을 덮어 2~3분 정도 익힌다.

2.
샐러드 채소와 돗나물은 씻어 물기를 뺀다. 자몽 1/2개는 껍질을 벗기고 먹기 좋은 크기로 썬다.

3.
드레싱 재료인 자몽 1/2개는 즙을 짜서 나머지 양념 재료와 섞는다.

4.
준비한 재료를 그릇에 담고 드레싱을 곁들인다.

도토리묵 오이 샐러드

요리 시간
20분

주재료(2인분)
· 도토리묵 1모
· 오이 1/2개
· 양파 1/6개

씨겨자 드레싱 재료
· 씨겨자 0.5
· 올리브오일 2
· 식초 2
· 설탕 1.5
· 간장 0.5
· 소금 약간

대체 식재료
씨겨자 ▶ 겨자 또는 와사비

도토리묵은 냉장고에
보관하면 단단해지니 끓는 물에
데치거나 전자레인지에서
부드럽게 익혀서 조리해요.

만들기

1.
도토리묵은 채 썰고 오이는 돌려깎기 하여 채 썰고 양파는 채 썰어 찬물에 5분 정도 담갔다가 물기를 뺀다.

2.
분량의 씨겨자 드레싱 재료를 섞는다.

3.
접시에 도토리묵을 돌려 담고 오이와 양파를 얹은 다음 씨겨자 드레싱을 곁들인다.

~20분

~30분

30분~

귀찮지만 집밥이 먹고 싶어서

가정간편식

초판 1쇄 | 2020년 6월 8일
초판 2쇄 | 2021년 5월 11일

글과 요리 | 이미경

발행인 | 유철상
기획 · 책임편집 · 푸드 스타일링 | 조경자
사진 | 황승희
디자인 | 주인지
마케팅 | 조종삼, 윤소담
콘텐츠 | 강한나

펴낸 곳 | 상상출판
주소 | 서울특별시 성동구 뚝섬로17가길 48, 성수에이원센터 1205호(성수동2가)
구입 · 내용 문의 | **전화** 02-963-9891 **팩스** 02-963-9892
이메일 sangsang9892@gmail.com
등록 | 2009년 9월 22일(제305-2010-02호)
찍은 곳 | 다라니
종이 | ㈜월드페이퍼

※ 가격은 뒤표지에 있습니다.

ISBN 979-11-89856-93-9(13590)

※ 이 도서의 국립중앙도서관 출판예정도서목록(CIP)은 서지정보유통지원시스템 홈페이지(http://seoji.nl.go.kr)와
국가자료공동목록시스템(http://www.nl.go.kr/kolisnet)에서 이용하실 수 있습니다. (CIP제어번호 : CIP2020020122)

www.esangsang.co.kr